내 인생의
어부바

따뜻한 어부바 사랑 이야기 스물셋

허민선 외 23인

평생 어부바 신협   ChosunMedia 조선뉴스프레스

"당신의 어부바 사랑은 무엇인가요?"

따뜻한
금융의 힘으로

든든하게
어부바하겠습니다.

한국신협 창립 60주년을 기념하며 열린 어부바 에세이 공모전이 많은 분들의 관심 속에 성공적으로 마무리되었습니다.

출품된 710편의 작품은 보통 사람들의 역사이자 현재를 살아가고 있는 우리에게 큰 울림을 주는 이야기였습니다. 그중 23편의 작품을 엄선해《내 인생의 어부바》를 발간하게 되었습니다.

이 책에 실린 이야기들은 서로가 서로를 어부바하여 시련을 극복하고 희망을 찾은 우리 이웃들의 삶의 기록입니다. 이는 60년이 넘는 시간 동안 서민의 곁을 지켜온 신협의 든든한 버팀목이기도 합니다.

앞으로도 평생 어부바의 정신으로 650만 조합원을 비롯한 1,400만 이용자를 따뜻하게 어루만지고자 합니다. 모두 잘사는 세상을 꿈꾸는 신협의 굳센 정신이《내 인생의 어부바》를 통해 독자들 마음속에 온전히 닿기를 소망합니다.

감사합니다.

2021.03.31.
신협중앙회장 김 윤 식

이어령 교수가 말하는 한국인과 '어부바 사랑'의 의미

"안아줘도 깽깽, 업어줘도 깽깽, 어쩌라고 깽깽"

한국의 옛날 어머니들은 포대기 하나로 아기를 가슴에 품고 등으로 업는다. 아기들은 낯선 세상 밖으로 나와도 이 포대기의, 한국 특유의 '품는 문화'와 '업는 문화' 안에서 양수와 다름없는 따스한 환경 속에서 지낸다.

"안아줘도 깽깽, 업어줘도 깽깽, 어쩌라고 깽깽"이라고 애 업고 꾸짖듯이 부르던 노랫말이 생각난다. 아이들은 철이 없다. 말이 통하지도, 힘이 통하지도 않는다. 그저 우는 아이 앞에 장사 없다. 이 노래를 뒤집어 해석하면 아무리 깽깽대던 아이라 해도 가슴에 안고 등에 업으면 금세 잠잠해지고 거짓말처럼 잠이 든다는 거다. 아기는 본래의 천사로 돌아간다. 우는 아이를 그치게 하는 방법은 딱 하나, 안아주고 업어주는 수밖에 없다는 이야기다. 그런데 말이다. 안아주고 업어주는 한국의 그 포대기 문화가 없다면 아이가 '깽깽'거릴 때 어떻게 할까.

'업는다'는 것, '업힌다'는 것

닭이나 개나 말을 업을 수 있는가? 업을 수 있는 것은 오직 살아 있는 인간뿐이다. 업히려는 의지와 마음이 있어야 한다. 애를 업으려면 묶어야 한다. 자신의 몸과 결합시켜야 한다. 끈으로 묶거나 포대기로 싸야 한다. 묶으면 물건이 된다. 포대기로 싸면 생명체는 그 안에서 자유롭게 꿈틀대고 움직이고 자세를 바꿀 수 있다.

'업는다'는 것은 무엇이며 '업힌다'는 것은 무엇인가. 약자가 강자를 업는 것은 어부바 문화가 아니다. 가마꾼이 가마 탄 사람을 메는 관계도 아니다. 그것은 이해관계에 불과하다. 업혀서 미안하고, 업어서 힘겨운 관계가 아니라는 거다. 갑과 을의 관계에서 어부바 문화는 존재하지 않는다.

어부바 문화의 원형은 모자관계에서 생겨났다. 그것은 어른이 아이를 업어주는 관계다. 강한 자가 약한 자를 업어주는 거다. 엄마가 아이를 업고, 장성한 자녀가 연로한 부모를 업는다. 이는 생명에 대한 배려이자 상대에 대한 사랑이다. 업어서 좋고, 업혀서 좋다.

아이를 업는 건 보릿자루를 메고 다니는 것과는 다르다. 보릿자루는 그저 무거운 짐일 뿐이다. 어부바 문화에는 사랑과 정이 서로 오간다. 지배와 의존이 아니라 사랑과 애정 속에 업고 업히는 관계. 이것이 상생이다. 수렵 채집 시절부터 우리의 어부바 문화는 상생 관계였다.

엄마가 보는 것을 아이가 본다. 같은 시선이다. 굴러가는 유모차의 바퀴가 아니다. 어머니의 한 걸음 한 걸음의 보행이 어렸을 적 태내에서 기억했던 심장 소리의 리듬과 어울린다. 등에 업혀 어머니가 듣는 것을 듣고, 보는 것을 본다. 낯선 냄새와 소음과 제대로 통합되지 않는 풍경의 조각이 하늘과 땅 사이로 펼쳐진다.

어깨너머로 요리하는 것, 세탁하는 것, 바느질하고 청소하는 어머니의 가사와 집안 구석구석을 다 구경한다. 나들이를 갈 때면 바깥 풍경은 기본이요, 동네 아주머니의 얼굴과 목소리도 익힌다. 서양 아기들이 요람에 누운 채 아무것도 없는 천장을 바라볼 때, 우리 아이들은 엄마 등에 업혀 세상을 보고 듣는다. 앞으로 살아갈 세상을 어머니의 어깨 너머로 미리 느끼고 배우는 현장 학습이다. 새소리를 듣고, 꽃을 보고, 바람을 타고 오는 모든 생활의 냄새를 어머니의 땀내와 함께 맡는다. 미국 소아과학회의 전문가들을 비롯해 한국의 포대기 육아법 예찬론자들이 하나같이 말하는, 바로 '엄마와의 상호작용'이다. 다시 말해 "엄마가 아이를 등에 업은 채 단순히 자기 일을 하는 것처럼 보일지 모르지만, 엄마가 아기를 인식하면서 일하는 동안 아이 또한 엄마와 상호작용을 한다"는 대목이다. '엄마와 아기의 상호작용', 내가 줄곧 주장해 온 바로 그 핵심이다.

어부바의 문화 유전자에는 세월이 없다

한 금융기관의 광고가 눈길을 끈다. 대학 새내기 딸을 업고 가는 아빠, 노모를 업고 가는 딸, 장바구니를 든 아내를 업는 남편, 어린 동생을 업은 누나, 아이를 업은 아빠…. 다양한 어부바를 통해 업는 사람의 따뜻한 마음과 업히는 사람의 고마움과 행복을 담은 광고다. '평생 어부바'라는 슬로건 아래 금융권은 소외 계층에게 언제든 따뜻한 등을 내주겠다는 철학을 한국적 정서로 담아낸 것이다.

금융권에서 한국인의 정서를 가장 잘 드러낸 '어부바'라는 단어를 내세운 것을 봤을 때 더 반갑고 감사했다. 일방적인 수혜가 아니라 서로에게 기쁨이 되는 어부바. 단순히 취약계층을 돕는 것이 아닌 어려운 상황을 돌파해서 벗어나게 해주는 어부바. 자선은 베푸는 쪽에 부담이지만 서로가 발전하는 어부바 정신은 신협을 통해 도움을 받은 한 사람이 또 다른 이웃을 업을 수 있는 힘을 가질 수 있다. 마치 어린아이가 어머니의 보살핌을 통해 성장하듯이 금융권에서 소외계층을 위한 다양한 혜택을 베푼다면 강한 자가 약한 자를 업어주며 사랑과 정이 오가는 사회를 만들 수 있다고 생각한다.

성경을 보면 아기 예수도 '말구유'라는 나무 상자에 따로 떨어져 눕는다. 가까운 일본에도 아기를 등에 올리는 문화가 있지만, 엄연히 말해 그것은 한국의 '어부바' 문화와는 다르다. 아기를 등에 끈으로 '묶는' 것에 가깝다. 한국의 포대기는 엄마의 양손이 가벼워지는 동시에 등에 업힌 아기도 몸이 자유롭다.

어부바를 한다는 것은 옛말에 담겨 있던 '너 좋고, 나 좋고'의 정서가 녹아 독특한 상호작용을 일으키는 순간이다. 업히는 사람과 업는 사람 사이에는 관계의 '상호성'이 만들어진다. 독립적이면서도 의존적이고 동시에 상호성도 지니고 있는 관계가 완성되는 것이다. 어느 한쪽만 편하고 다른 한쪽은 부담되는 관계가 아니라 서로가 서로를 위해 기꺼이 '어부바'를 하는 사이가 되는 것이다. 이제 어부바는 육아법을 넘어 법고창신(法古創新)의 문화론에 이르게 된다. 한국의 문화 유전자와 그 이야기를 만들어내는 포대기를 훌륭한 학문의 차원으로 끌어올린 한국의 엄마들. 포대기를 사용하는 여러 나라 부모들의 모습이 담긴 사진, 포대기를 매는 법이 담긴 영상을 유튜브에 올려 포대기 한류 바람을 일으킨 디지로그 시대의 엄마들, 치맛바람을 포대기 바람으로 바꾼 엄마들의 모습에서 새로운 한국인 이야기의 싱싱한 미래를 보는 것이다. 이것이야말로 요즘 유행하는 '오래된 미래' 아닌가.

목 차

들어보세요

대상

허민선

내 인생의 어부바

그때 그 아이들은 잘 자라고 있을까? 궁금해진다. 새로운 엄마를 만났을까? 걱정도 된다. 곁에 아무도 없는 순간이 오면, 마음이 시릴까. 언제라도 '엄마'를 생각하면 온기가 도는 풍경이 그 아이들에게 있었으면 좋겠다. 몇 년 전 겨울, 만원버스에서 콩나물처럼 뽑혀 나가기를 기다리고 있었다. 버스가 정류장에 정차했을 때였다. 김 서린 창에 누군가의 손이 닦은 틈을 타, 간신히 보이던 밤 풍경 속. 그곳에 내 시선이 꽂혔다. 전신주에 아이를 돌보는 봉사 관련 전단이 붙어 있었다. 보는 순간, 그 봉사를 하고 싶다는 마음이 간절해졌다. 내용을 제대로 확인하기 위해 세 정거장이 남았지만, 부랴부랴 내렸다. 전화번호가 있었고 요구하는 개인정보가 있었다. 어쩐지 낯선 번호로 메시지를 보내기가 개운하지 않아 하루 정도 망설이며 고민했다. 그러나 아기를 돌보는 봉사를 함께하려는 시도에는 분명 선한 의도도 포함되어 있을 것이다. 면접이 있다고 해서 서로의 스케줄을 맞춰 약속을 정했다. 며칠 후 근처 카페에서 처음 보는 여성과 만났다. 서류 가방에서 종이 한 장과 펜을 꺼내더니 나에게 건넸다. 신상정보와 봉사 계기 등을 쓰는 형식이었다. 주민등록번호 기록란을 보며 꺼림칙하기도 했지만 내색하지 않고 차분하게 끝까지 써넣었다.

얼마 후 다시 연락이 왔고, 지하철역에서 다른 두 명의 여성과 만났다. 봉사 예약시간이 조금 남아 어떤 사람이 직접 만들었다는 쿠키를 함께 먹자며 꺼내놓기에 맛보았다. 지금은 그들의 이름도, 나이도,

얼굴도 기억나지 않지만 확실하게 기억하는 건 그날이 크리스마스이 브였다는 것이다. 불쑥 들려오는 캐럴과 수시로 튀어나오는 자동차 와 사람들로 붐비는 골목을 빠져나가 '서울영아일시보호소'라는 곳 에 다다랐다. 개인 물품을 보관하고 손을 씻은 뒤 들어간 곳은 훅 끼 쳐오는 아기 냄새로 가득했다. 그 냄새가 얼었던 몸을 일시에 녹이는 기분이 들었다. 아기 침대들이 나란히 놓여 있었고 그 안에는 아기들 도 함께 누워 있었다. 곤히 자고 있거나 활짝 깨어 있었다. 내가 할 일은 두 시간쯤으로 헤아려지는 동안 그 아이들 곁에서 잘 놀아주는 것이었다. 기저귀를 갈아주거나 옷을 입혀주고 씻기는 일은 따로 맡 고 있는 분이 있었다.

모든 일이 낯설었다. 혼자라면 서툴렀겠지만 경험자가 하는 대로 따라 하거나, 잘 모르면 물어서 배우면 되었다. 한 손으로는 왼쪽의 보행기 를 밀어주다가, 갑자기 건너 침대의 아이가 깨서 울면 그쪽으로 가서 안고 달래주었다. 다정하고 친근하게 자장가도 불러주었다. 옹알이가 들리다가 숨소리로 바뀔 때, 내 등에 착 붙어 기대서 조용해지면 뭉클 했다. 내 자장가가 아이를 잠들게 했다는 신기한 감각도 있었다. 그 아 이가 잠들면 침대에 눕히고, 이불을 덮어주었다. 그러나 그 아이만을 가만히 바라볼 여유는 없었다. 또 다른 침대에서 아이가 기어와 놀아 달라고 칭얼거렸다. 동시에 이 침대에서, 저 침대에서 내 손길을 필요 로 하는 일들이 일어났다. 시야를 잠시 벗어난 아이가 혼자 서 있다가 넘어져 울기도 했다. 다쳤을까봐 소스라치게 무서운 마음이 지나갔다. 숨 가쁘게 보채는 아이들을 토닥토닥하는 사이, 시간이 되었다고 누 군가가 알렸다. 다음 시간 봉사자들이 벌써부터 와서 기다리고 있었다. 봉사자들이 밀렸다는 사실은 안도감을 주기도 했지만, 그럼에도 떠나는 발걸음이 가볍지만은 않았다. 남은 아이들은 여전히 애처로웠다. 아이를 좋아하니까 아이를 보는 일은 즐거우리라 짐작했지만, 길지 않은 시간이었음에도 금세 녹초가 되었다. 높은 산을 오르고 내려온 날의 밤처럼 근육이 쑤시고 기운이 없었다. 그 통증은 어쩌면 오늘 안은 아이들이 '우리를 잊지 마세요' 하는 것처럼 느껴졌다. 몸은 아팠지만 마음은 포근했다.

아이들과 있었던 공간은 사진을 찍을 수 없었다. 그때 그 순간이 사진으로 남았다면 그 아이들의 생김생김이 생생하게 간직될 수 있었을 텐데. 그러나 그 아이들 입장에서는 그렇지 않을 것이다. 지금 내가 기억하는 건 아이들 개개의 모습이나 특징이 아니다. 그 방 안에 구획된 침대와 침대 사이의 좁은 거리다. 아기들 체취와 앞으로 안았을 때, 등 뒤에 기댔을 때의 무게다. '까꿍' 했을 때의 웃음과 딸랑이를 흔들던 내 팔의 리듬과 감각이다. 입고 있던 옷의 부드러우면서도 침으로 축축했던 촉감이다.

리모컨으로 채널을 돌리다가 텔레비전에서 목줄에 목이 졸린 채 떠도는 하얀 개를 보았다. 그 장면을 본 뒤로 계속 마음에 걸려 처음으로 퇴계로에 있던 '구호동물 입양센터'에 찾아갔다. 그 뒤로도 3년간 한 달에 한 번 가족과 함께 후원물품을 소박하게 챙겨서 유기견과 산책을 했다. 우리가 예약하고 방문하는 시간대는 매달 유동적이었다. 같은 개를 만날 때도 있었고, 다른 개를 만날 때도 있었다. 같은 개를 다시 만나는 일은 반갑기도 했지만, 슬프기도 했다. 그 개는 아직 입양되지 않았다는 의미기도 했으니까. 게다가 입양되었다가 파양된 개도 있었다.

사람이나 동물이 여전히 유기되고 있다는 사실이 서글프다. 그런 유기동물을 구호한다고 믿었던 동물보호단체의 대표가 무분별하게 안락사를 해왔다는 사실을 알고, 더 이상 산책 봉사를 할 수 없게 되었다는 사실도 마음이 쓰리다. 물론 유기되는 과정 가운데 현실의 힘으로는 도저히 해결되지 않는 아픈 진실도 섞여 있을 것이다. 아이는 어리지만 분명 엄마 품에 있는 아이가 받는 사랑과 안락과는 다를 것이다. 입양을 기다리는 동안 느낄 감정의 날씨는 눈보라가 치는 겨울일 것이다. 내가 할 수 있는 일은 눈보라가 치면 그저 사라지는 눈밭에 난 발자국 같은 것일까. 서울영아일시보호소의 그 '일시'라는 표현이 마음을 무겁게 한다.

체코의 작가 밀란 쿤데라가 쓴 책 《참을 수 없는 존재의 가벼움》에는 이런 글귀가 있다.

"…한 인생의 드라마는 항상 무거움의 은유로 표현될 수 있다. 사람들은 우리 어깨에 짐이 얹혔다고 말한다. 이 짐을 지고 견디거나 또는 견디지 못하고 이것과 더불어 싸우다가 이기기도 하고 지기도 한다."

책 속 맥락과는 다르겠지만 입양을 대기하는 아이, 개들과 보낸 시간들이 나에게는 '무거움의 은유'로 읽히기도 한다. 자신을 낳은 진짜 부모에게도 배반당한 존재들. 생명을 업신여기는 수많은 방임과 유기들에 대해서. 입양을 위해 그런 행동을 하는 사람 가운데에는 자신의 아이가 경제적으로 더 나은 가정에서 사랑받으며 자라기를 바라는 마음도 있었을 것이다. 그러나 아이를 끝까지 책임지지 않았다는 죄책감은 쉽게 사라지지 않을 것이다. 내가 이렇게 생각해도 될까, 쓰면서도 두려운 마음이 든다. '업다'라는 말 사이에 '업(신여기)다'라는 말이 가능한 것이 섬뜩하기도 하다. 아이, 개처럼 생명을 업신여기는 일과 '업어라도 주고 싶다'란 관용구 사이에는 또 얼마나 많은 선악의 스펙트럼이 있는 것일까. '어부바' 하고 아이를 업는 동안, 그 무게가 주는 가까움과 기꺼움. 그것을 실감하는 엄마만의 시간은 무엇을 의미할까. 아이의 몸무게가 주는 기특함도 업으면서 실제로 체험하게 되는 소중한 감각이다. 그러나 어떤 엄마에게는 책임감보다 '감당할 수 없음'이 더 크게 짓누르는지 모른다. 그런 경우에는 물리적 '짐'과 마음의 '짐'으로 인해 몇 배로 더 기울게 된다. 어부바는 업어달라는 흔한 표시이지만, 엄마 등에서 잠들고 싶다는 애절하고 본능적인 속마음이기도 하다. 엄마 등을 베고 잠들 수 있는 아이만의 행복. 그러나 현실의 엄마에게는 여유가 잘 생기지 않는다. 아이를 업고 있는 동안, 아이가 잠든 동안, 아이를 맡긴 동안 엄마는 다른 일을 해야 하기 때문이다.

개는 사랑스러운 강아지일 때에도 유기되지만, 병들거나 늙어서도 유기된다. 방송에서 죽음이 얼마 남지 않은 늙은 반려견을 등에 업고 양산을 쓴 할머니를 보았다. 그 양산도 반려견이 눈부시지 말라고 쓴 것으로 보였다. 반려견이 죽는 순간 곁에서 오열하는 가족들을 보았다. 마지막까지 사랑받았구나 싶어 슬픈 감동을 받았다. 그 개는 아프지만 외롭지 않았을 것이다. 가족들의 진심 어린 작별인사를 들었을 테니까. 그 작별인사는 영영 떠나보내는 것이 아닌 머지않아 다시 만나자는 뜻이었을 테니까.

30년 가까운 세월 동안 (할아버지와 사별하신) 할머니를 모시는 본가의 부모님을 생각한다. 할머니는 치매로 인해 복합적인 보살핌을 받고 계신다. 혼자서는 일상적인 일이 힘든 할머니를 며느리인 엄마가 대부분의 시간을 돌본다. 다행히 할머니의 인지능력이 심하게 저하되지 않았을 때 동생의 주도로 할머니를 모시고 가족 여행을 다녀올 수 있었다. 할머니는 지팡이를 짚고 천천히 부축을 받아 걸을 수는 있었지만, 운신이 자유롭지 못했다. 의자에 가만히 앉아 있는 할머니를 보며 동생이 안타까웠는지, 할머니를 업고 바다가 잘 보이도록 걸었다. 업혀 있는 할머니는 손자의 등이라는 것을 분명하게 느끼셨을까. 할머니는 소녀 시절의 흑백사진처럼 미소를 머금고 있었다. 할머니 방에는 사진액자들이 가득하다. 큰 액자들은 벽 위쪽으로 나란히 걸려 있고, 작은 액자들은 장식장 위에 오순도순 세워져 있다. 혼례사진, 젊은 시절 가족사진, 할아버지와 함께 탄 배에서 노를 저으며 찍은 사진, 다 함께 한복을 입은 가족사진, 정원에서 찍은 환갑연 사진, 고희연과 산수연 가족사진, 자식들의 입학과 졸업과 결혼사진, 손주의 입학과 졸업과 결혼사진, 증손주 백일과 돌 사진들. 흑백사진과 컬러사진이 시간의 흐름과는 다르게 뒤섞여 있다.

살아 있는 동안 인간은 여러 차례 업고 업힌다. 혼자서 길을 가기에는 어려움이 있을 때, 홀로 쓰러지지 말고 기대라며 등을 내어줄 수 있는, 그런 믿음이 인간에게는 있다. 식물의 경우에도 사랑을 주는 일은 다르지 않다. 시들어 축 늘어지면 포기하지 않고 젓가락으로 부목을 대어서 수형을 잡아준다. 어부바하는 일은 그래서 어린아이만 업고 업히는 일만이 아닌, 우리 모두의 인간애를 회복하는 일이기도 하다. 어부바는 한자 부수 사람인변을 닮았다. 함께 기대어 살아가야 함께 버틸 수 있다. 그것이 '무거움의 은유'로 보일지라도 우리들의 동행이 계속될 수 있도록 하는 힘이니까.

대상 수상자 **허민선** 씨

"어부바 사랑은
인간애의 회복입니다"

누구나 마음에 걸리는 문제들을 안고 살아간다. 문제들은 마음속에 불안과 초조함을 조성한다. 허민선 씨도 마찬가지다. 그는 그럴 때 사진을 찍고 글을 쓴다. 초조함을 느끼던 원래의 '나'가 아닌 새로운 '나'를 맞닥뜨린다. 그에게 기록의 행위는 마음의 위로나 해소 같은 것. 그는 사진을 주로 찍지만 차마 사진으로 남기지 못했던 순간들이 있다. 혹여나 셔터 한 번의 결과물이 사진 속 주인공에게 상처가 되지 않을까 하는 망설임 때문이다. 그런 순간들은 사진이 아닌 글로 쓰려고 노력했다.

대상을 받은 작품 <내 인생의 어부바>는 버려진 아기들, 유기견, 그리고 치매에 걸린 할머니와 할머니를 모시는 부모님의 이야기가 담겨 있다.

"<내 인생의 어부바>라는 주제를 보는 순간 사진으로 담지 못한 세 가지 일이 동시에 떠올랐어요. 하나는 부모에게 버려진 아기들을 일시적으로 보호하는 '서울영아일시보호소'에서 봉사활동을 했던 순간이에요. 단 두 시간이었지만 그 시간을 잊을 수 없었어요. 다시 가서 일을 해야지 하면서도 가지 못한 게 늘 마음에 걸렸어요. 또 하나는 '구호동물입양센터'에서 유기견들을 위해 봉사활동을 했던 순간이에요. 그리고 마지막으로 치매로 고생하는 할머니를 돌보셨던 저희 부모님이 떠올랐어요."

그는 '쓴다'라는 과정 자체에 큰 의미를 부여한다. 쓰지 않았다면 그냥 지나가고 말았을 현상이 기록으로 남겨지기 때문이다.

사소한 일상에서 얻었던 '인간애의 회복'

허민선 씨는 평소 자전거를 자주 탄다. 그리고 평소 안 가본 곳까지 멀리 나가기를 좋아한다.

"멀리 가다 보면 보이는 게 달라져요. 사소한 현상을 발견하고 그에 따른 많은 생각이 저에게 기록에 대한 영감을 많이 주는 것 같아요. 그러한 일상에서도 어부바 사랑을 느끼곤 해요."

그는 눈사람에도 심장이 뛴다고 말했다. 얼마 전 눈이 아주 많이 왔던 날, 누군가 그의 자전거 안장에 예쁜 눈사람을 앉혀놓았다. 그의 의도가 무엇이었든 아름다운 눈사람을 보고 감사한 마음뿐이었다고.

"어부바는 제 자전거 위의 눈사람과 같은 존재라고 생각해요. 내가 아닌 누군가의 마음에 순수한 감동을 주고, 인간애를 회복한다는 의미가 있죠. 그중에서도 '순수함'이 주는 감정의 비중이 가장 큰 것 같아요. 그래서 아이들을 좋아하고요. 아이들이 가진 순수 그 자체의 의미를 뛰어넘는 존재는 없다고 생각해요."

허민선 씨에게 대상 소식은 놀람과 기쁨의 순간이었다. 동시에 대상의 의미가 새롭게 받아들여졌다.

"산책길에 테니스장을 지나치다가 채 마르지 않은 페인트에 갇혀 안절부절못하는 비둘기를 발견했어요. 다행히 구조가 됐지만 비둘기 모습이 계속 마음에 걸렸어요. 그때 마침 수상 소식 전화를 받았어요. 그러면서 생각했어요. 저의 글이 도움이 필요한 모든 사람을 위하는 일이어야 한다고요."

우수상

고지은

민들레와 소국

신성일을 닮은 아빠는 감나무가 마을을 주홍빛으로 물들이는 청도에서 꽤나 유명인사였다. 한국의 알랭 들롱이라 불렸던 (故) 신성일 씨의 젊은 시절은 잘생김에 반항아적 기질까지 묻어 있어 뭇 여성들의 가슴을 설레게 했는데 이런 비슷한 면면들 때문에 시골 어르신들은 우리 아빠를 보고 "욱이는 대한민국에서 아주 유명한 대배우 아니면 바람둥이, 둘 중의 하나가 될 거다"라는 웃어야 할지 말아야 할지 반응하기 애매한 말씀을 하셨다고 한다. 시골 어르신들이 미리 정해놓은 대배우 아니면 바람둥이의 갈림길에서 아빠는 역시 반항아적 기질을 발휘해 이도 저도 아닌 탄광조합 소장이 됐다. 나중에 안 사실이지만 원래 중앙대학교 연극영화과에 들어가려고 했는데 면접시험을 보는 날, 한 번 들어간 돈은 절대 나오지 않는다는 할머니 허리춤에서 상경 교통비와 면접비를 받아 그 돈으로 당구를 치다가 시험시간을 놓치셨다고 한다. 당시 할머니가 마당을 쓸던 싸리 빗자루를 들고 먼지가 날 만큼 흠씬 두들겨 패려고 했지만 훗날 당신 입으로 "어쩌면 천만다행"이라고 하셨으니 아빠가 배우가 안 된 건 운명이자 다행이었다.

탄광조합 소장이 된 아빠는 모두의 예상을 깨고 소국처럼 작고 예쁜 엄마를 만나 일편단심 민들레가 되었다. 민들레와 소국이 만나 세상에 나온 나는 3~4년에 한 번씩 전근을 가는 아빠를 따라 짭조롬한

바다 내음이 나는 길을 따라 다녔다. 기억에 1990년대 말부터 2000
년대 초반까지는 광산업이 국가의 중요 기반사업이었고 석탄을 나르
는 운송수단이 열차보다 배가 많았기 때문에 그래서 석탄 실은 배를
관리하는 아빠의 전근지는 항상 갈매기가 끼룩대고 울면 파도가 처
얼~썩 위로하는 바닷가 어촌마을이었다. 당시 서울 영희국민학교에
서 강원도 묵호초등학교로 전학을 가면서 친구들과의 작별이 서운해
눈물을 펑펑 쏟는 나를, 아빠는 번쩍 들어 안아주셨다.

"아빠만 가!"

앙칼지게 가시를 세우며 말하는 작은 고슴도치에게 아빠는 "가족은
헤어지는 게 아니야. 미안해" 하며 등을 토닥여주셨다. 이럴 땐 가까
이에서 본 신성일, 알랭 들롱을 닮은 아빠의 눈이 반짝이는 윤슬처럼
예뻐 보여서 그만 토라진 말을 거둬들이곤 했다. 석탄을 실은 배를
따라 강원도 묵호에서 부산으로, 부산에서 군산으로, 군산에서 인천
으로 다니면서 나의 초·중·고등학교의 입학식과 졸업식은 같은 학
교였던 적이 단 한 번도 없었지만 돌이켜보면 건조하기 짝이 없는 세
상에서 물기가 밴 마음으로 지금껏 살 수 있었던 건 어릴 적 아로새
겨진 바다, 바다가 준 8할의 추억 덕분이리라.

아빠는 묵호에서 물설고 낯선 고장으로 가족을 데려온 것에 대한 미
안함을 어떻게든 풀어주고 싶어 하셨다. 아빠의 미안함 덕분에 세 살
터울의 오빠와 나는 유년 시절을 망아지처럼 원 없이 뛰어다녔다. 학
교에서 돌아오면 책가방을 방바닥에 패대기치고 신발을 벗을 새도
없이 낚싯대와 미끼 그리고 만선을 꿈꾸는 고깃배와 같은 부푼 마음
을 안고 묵호항 근처의 방파제로 달려갔다. 당시엔 어찌된 일인지 낚

싯대를 드리우기만 해도 이스라엘 향어, 숭어, 양미리 같은 물고기들이 많이 잡혔는데 신이 난 망아지들을 위해 아빠는 연신 미끼를 새로 갈아 끼우느라 뾰족한 낚싯바늘에 손끝이 남아나질 못했다. 그땐 내가 낚시 신동이거나 눈먼 물고기들이 미끼를 물어주는 줄 알았는데 나중에 들은 얘기엔 숨은 배경이 있었다. 최고의 미끼를 준비하기 위해서 아빠는 땅에서 막 잡아낸 지렁이가 힘이 좋아 잘 꿈틀거린다며 퇴근 후 온몸에 흙을 뒤집어쓴 채 지렁이를 잡기도 하고 고두밥에 된장을 섞어 조물조물 묻히는 떡밥 장인이 되기도 하셨다고. 아빠의 이런 망아지들 기 살리기 프로젝트 덕분에 바다 앞에서 의기양양해진 나는 집에 갈 즈음이면 헤밍웨이의 《노인과 바다》에서 며칠 밤낮을 청새치와 씨름한 노인처럼 녹초가 돼서 풀어진 떡밥처럼 흐물거렸고 아빠는 물고기통을 오빠 손에 쥐여주곤 바다 같은 등을 내어주셨다. 묵호항에서 집까지는 걸어갈 수 있는 거리였지만 나는 아빠의 넓고 푸른 등에서 선잠에 들며 또다시 낚싯대를 크게 휜 채 청새치도 잡고, 대방어, 갈치도 잡고 그러다가 고래의 등에 업혀 짙고 푸른 심해를 향해 내달리기도 했다. 행여 고래 등에서 떨어질까 봐 매달린 팔에 힘을 꽉 주자 귀에 익은 따뜻하고 묵직한 고래의 음성이 들렸다.
"우리 망아지, 오늘 많이 힘들었구나."

고래의 꿈을 꾸던 나는 소국과 민들레가 뿌리를 길게 내리는 동안 97학번 대학생이 되었다. 사람들은 우릴 보고 '공포의 학번', 'IMF 학번'이라 불렀다. 외환위기로 온 나라가 휘청거렸던 때여서 대학생이 둘 있는 집은 가위바위보를 해서 휴학을 정하거나 아니면 아들들을 군대로 후딱 보내버리던 시기였는데 이런 미래를 알 수 없었던 나는 1996년 11월 눈이 펑펑 내리던 날 대학수학능력시험을 치렀다. 석탄을 실은 배를 따라 인천으로 갔을 때였고 '수험생 여러분 힘내십시오!'라는 플랜카드가 걸린 곳은 인천여자고등학교였다. 탄광조합에서 꽤 높은 자리까지 올라간 아빠는 그날 차로 나를 데려다주시면서 계속 어쩔 줄 몰라 하셨다. 그도 그럴 것이 수능 날 아침은 작은 일 하나에도 털끝이 곤두서기 마련인데 나보다 더 긴장하고 만 엄마가 보온병에 꿀물을 타주시곤 그만 보온병의 속마개를 하지 않는 실수를 하셨기 때문이다. 속마개를 하지 않은 보온병에선 차가 덜컹거릴 때마다 끈적한 꿀물이 왈칵왈칵 새어 나왔고 꿀물은 필통과 오답노트를 비롯한 책가방 속을 온통 꿀물 천지로 만들어버렸다.

'망.했.다.'

머릿속에 세 글자가 선명히 떠오르는 순간 서러움이 눈물과 함께 복받쳐 오르기 시작했다. '차라리 평범한 보리차였더라면…'이란 쓸데없는 생각까지 하느라 아빠의 표정을 제대로 보진 못했지만 운전석에 앉은 아빠의 목젖이 마른침을 삼키느라 쉴 새 없이 오르내리는 것만 같았다. 화낼 대상이 필요했던 나는 교문에서 뒤도 돌아보지 않은 채 시험장을 향했고 새벽부터 내리던 눈은 대신 울어주기라도 하듯 멈추지 않고 펑펑 내렸다.

간신히 흐트러진 정신을 모아 1교시 언어영역 시험이 끝났을 때 같은 교실에서 시험을 치르고 있던 친구가 화장실을 다녀오며 이상한 말을 했다.

"지은아, 너네 아부지 아니야?"

"어디?"

"저기 창밖에."

"그럴 리가…."

친구가 가리킨 곳은 학교 밖 풍경이 보이는 복도 쪽 창문이었다. 창밖에는 이미 눈사람이 된 아빠가 손을 비비고 서 있었다. 얼마나 오랫동안 눈을 맞고 계셨던지 머리 위엔 장독대에 눈이 덮인 것처럼 소복이 쌓여 있었고 나와 눈이 마주친 아빠는 반가움에 두 팔을 휘저으며 꽁꽁 얼어붙은 입을 열어 첫마디를 내뱉으셨다.

"우리 딸, 1교시 시험 잘 봤어? 실수 안 했지?"

끈적끈적한 꿀물이 목을 타고 흘러내리는 것처럼 뜨끈한 무언가가 목구멍을 타고 내려가며 눈시울이 뜨거워졌다.

"아빠, 거기 그러고 있음 어떡해!"

"괜찮아, 어서 들어가서 2교시 준비해. 우리 딸 잘하고 있다!"

"아빠, 거기 그러고 있음 내가 신경 쓰여서 어떻게 시험을 봐. 얼른 집에 가세요. 내가 아빠 때문에 못 살아."

이번에도 마음에도 없는 소리를 내뱉은 고슴도치는 팽하니 돌아섰다. 2교시 수리영역을 푸는 내내 점점 눈사람이 되어가고 있을 아빠 생각에 집중을 할 수 없었지만 그래서라도 시험을 더 잘 봐야 한다는 쪽으로 마음이 기울었다. 2교시 시험을 종료하는 종소리가 울리자마자 다시 복도 창문 쪽으로 달려갔다. 이번엔 혼자가 아니라 구경난 친구들과 함께. 역시나 아빠는 훨씬 더 많은 눈을 머리와 어깨에 인 채 같은 자리에서, 이번엔 어디서 구하셨는지 등받이가 없는 간이 의자까지 놓고 앉아 계셨다.

"아빠, 의자는 어디서 난 거야?"

"요 앞 문구점 사장님이 빌려주셨어. 2교시 시험은 잘 봤지? 우리 딸

최고다!"

"내가 아빠 때문에 못 살아."

그렇게 그날, 아침 해가 저녁노을을 데려올 즈음까지 나는 '아빠 때문에 못 살아'를 두어 번 더 말하고서야 그날 하루를 마무리 지을 수 있었다. 아빠 덕분에 살았던 하루였다.

낭만적인 캠퍼스를 꿈꿨던 97학번들은 하지만 IMF 외환위기의 칼바람 속에서 곧바로 취업 준비를 하며 중무장을 해야 했다. TV에서는 연신 "자동차, 전자, 조선, 철강 같은 우리나라 4대 제조업 분야가 큰 어려움을 겪고 있다"는 뉴스를 내보냈고 이미 시대적인 흐름에 따라 사양길로 들어선 광산업은 대한민국에서 자취를 감출 채비를 하고 있었다. 구조조정, 명예퇴직과 같은 날카로운 단어들이 등장하기도 전에 아빠는 평생 입으셨던 탄광조합 글자가 박힌 점퍼를 벗고 사업에 뛰어드셨는데 기다렸다는 듯 외환위기가 터지면서 그대로 우리 집은 곤두박질을 치기 시작했다. 퇴직을 하며 목돈을 손에 쥔 아빠에게 돕겠다는 사람들이 많이 나타났다. 베트남에 호텔을 짓자는 사람부터 건축자재상을 함께 차리자는 사람, 중국 조개를 수입해 팔자는 사람까지…. 하지만 아빠의 목돈이 줄어들수록 돕는 손길들은 슬그머니 사라졌다. 그때부터였던 것 같다. 한없이 넓기만 했던 아빠의 등이 점점 작아지고 알랭 들롱처럼 반짝이던 눈빛이 흐릿해진 것이.

그렇게 20여 년의 세월이 지나면서 우리 집은 서울의 한 작은 골목에서 테이블 몇 개를 놓은 채 식당을 운영하게 됐고 등이 쪼그라들 대로 쪼그라든 아빠는 두 팔을 걷어붙인 엄마의 뒤에서 세상 사람들이 말하는 뒷방 늙은이가 되었다.

한때는 윤슬처럼 반짝거린다 생각했던 아빠의 눈이 초점을 잃자 나는 의도적으로 아빠의 눈을 쳐다보지 않았다. 왜냐하면 속내를 감추지 못하는 내 눈동자가 아빠의 눈을 향해 '실패한 사람의 눈'이라고 말하는 것 같아서, 행여 이런 생각을 아빠에게 들킬까 봐 얼른 고개를 돌려야만 했다. 다시 시간을 되돌릴 수만 있다면, 다시 그와 시공간을 공유할 수 있다면, 눈을 마주치는 순간순간이 얼마나 눈물겹게 소중한 줄 안다면, 다른 눈으로 그를 바라봤을 텐데….

그가 떠난 후 나는 버스 앞자리에 앉은 사람들의 목덜미를 때론 정신없이, 때론 물끄러미 보곤 한다. 모자 밖으로 삐져나온 희끗한 머리카락, 소나무 껍질처럼 거칠어 보이는 거뭇거뭇한 살결, 구부정한 어깨까지 어림짐작 70대쯤으로 보이는 어르신들이 앉으면 '아빠'라는 말이 가슴에 맴돌며 나도 모르게 손을 뻗어 굽은 어깨에 손을 얹고 싶어진다. 이제야 목 놓아 부르게 되는 '아빠'라는 말을 왜 진작 하지 못했을까. '아빠'를 '아버지'라 부르기 시작했을 때부터 그는 혹독한 겨울을 견디는 겨울나무들처럼 검은 눈물을 삼켰을 것이다. '아빠'라는 두 글자에는 전학 가는 날 울다 지친 고슴도치를 품에 안고, 바다 낚시 후 녹초가 된 망아지를 등에 업으며, 비 오는 날 당신의 한쪽 어깨가 젖는 대신 우산을 드리워준, 그리고 독립하겠다던 딸의 짐을 묵묵히 들어주던 바보 같은 사랑이 스며 있다.

어느 날인가 포드득, 머리 위로 날아가는 새를 쫓아갔다. 꽃이 진 자리에 둥지를 튼 새는 포란(抱卵)을 하고 있었다. 미동도 없이 알을 품고 있는 작은 새. 간혹 어떤 새는 알을 더 따뜻하게 품기 위해 제 배의 깃털을 뽑아내기도 한다던데 뽑아낸 깃털로 둥지의 빈틈을 메우고 깃털이 없는 부분으로 체온을 더 잘 전달하기 위해서라고. 어른이 된 지금도 그 품의 온기가 사무치게 그리워 한달음에 달려가 안기고 싶을 때가 있다. 하지만 민들레 홀씨처럼 떠나간 그와의 약속을 지키기 위해 내 옆에 남아 있는 주름지고 등 굽은 작은 소국을 말없이 안아드린다.

우수상 수상자 **고지은**씨

"사랑의 씨앗을
다른 사람에게 건네는 일이죠"

고지은 씨는 20년 차 라디오 방송작가다. 늘 다른 사람의 이야기만을 써왔던 그의 마음속에 문득 다른 이야기를 써보고 싶다는 생각이 들었다. 지인의 추천으로 공모전을 알게 되었고 글을 쓰는 것이 낯설지 않아서 글이 쉽게 써질 줄 알았다. 하지만 그것은 자만이었음을 느꼈다.

"공모전 공고를 출력해놓고 며칠을 밤새워 고민했어요. 처음에는 당선되면 좋겠다는 마음이었거든요. 그래서 조금 흔할 수 있는 부모님 이야기보다는 색다른 어부바 사랑을 찾아보자고 생각했죠. 저에게 아버지 이야기는 들춰내기 힘든 부분도 있었고요. 그런데 아무리 끊임없이 생각해도 부모님 말고는 다른 글을 쓸 수가 없었어요. 그렇게 며칠을 고민으로 지새운 후 처음으로 제 이야기를 써보자고 결심했어요."

우수상을 받은 작품 <민들레와 소국>은 일편단심으로 가족을 사랑했던 민들레 같은 아버지와 소국같이 어여쁜 어머니의 이야기다. 당신들의 삶을 살아가는 동안 자녀에 대한 사랑을 어떻게 표현했는지 꽃으로 비유해서 써 내려갔다.

고지은 씨에게 아버지는 어떤 존재였을까. 수능을 본 지 20년이 지난 지금까지도 수능 날만 되면 아버지의 모습을 잊을 수가 없다.

"제가 수능 본 날 눈이 정말 많이 내렸어요. 밖에서 아버지가 수능시험이 끝날 때까지 저를 기다리며 눈사람이 되어가는 그 모습이 아직도 너무 생생해요."

일편단심 민들레처럼 가족을 사랑했던 아버지

그는 탄광조합 소장이었던 아버지를 따라 광산업이 있는 곳으로 전학을 다니면서 수많은 추억을 쌓았다.

"여전히 아버지를 그리워하고 있고 많이 보고 싶어요. 상금 받으면 예쁜 꽃 사서 가장 먼저 찾아뵙겠다고. 이 말씀 꼭 드리고 싶어요."

우수상 수상 소식은 그뿐만 아니라 가족들에게도 작은 변화를 가져왔다. 옆에서 용기를 얻은 어머니와 오빠 역시 글을 쓰기 시작했다고.

"오빠가 자영업을 하는데 요즘 자영업자들이 아주 힘들잖아요. 글을 쓰면서 많은 위로를 얻는다고 하더라고요. 우리 가족에게 활기와 변화를 주신 것에 정말 감사해요."

고지은 씨는 최근 한 인터넷 기사를 보고 또 다른 어부바 사랑을 느꼈다고 전했다. 혼자 사는 할머니 집에 텔레비전을 수리하러 간 수리 기사가 너무 옛날 부품이라 텔레비전을 고칠 수가 없어 본인의 집에 있던 텔레비전을 할머니 댁으로 가져다드린 이야기다. 자신의 할머니가 생각난다는 이유에서다.

"만약 그 기사님이 어릴 적 할머니에 대한 사랑과 추억이 없었으면 어땠을까 생각이 들었어요. 사느라 바빠서 잘 모르고 있을 수 있지만 제가 받은 사랑은 마음 밭 어딘가에 씨앗으로 뿌려져 있겠지요. 뿌리내리기 위해서요. 살다가 제가 받은 사랑이 떠올랐을 때 그 씨앗을 다른 사람에게 건넬 수 있는 것이 진정한 어부바 사랑 같아요. 저 또한 그래야겠다고 생각했어요."

우수상

장순교

할머니의 아리랑

"아리랑 아리랑 아라리요. 아리랑 고개를 넘어간다. 나를 버리고 가
시는 님은 십 리도 못 가서 발병 난다."

나의 할머니는 슬플 때나 기쁠 때나 늘 이 노래를 하셨다. 힘들고 지
칠 때도 한탄처럼 당신의 애환을 노래로 풀어 부르시던 이 노래, 커
서 알고 보니 〈정선아리랑〉의 가락이었다. "산천은 유구하여 해 바
뀌면 다시 오는데 인생은 어찌하여 한 번 가면 못 오는가"라며 지어
부르시던 그 가락은 지금도 내 귀엔 가장 슬프고 아름답고 그리운 노
래로 남아 어쩌다 들려오면 가슴에서 쿵 소리가 나며 저려온다.

세상에 오로지 하나뿐인 할머니의 외아들인 나의 아버지는 일제 말
기의 만행을 피해 서울 명륜동에서 은행원의 엘리트 직장도 버리고
서둘러 결혼한 신부를 데리고 도주하듯 경북 봉화의 깊은 산골 마을

로 낙향을 하셨다. 인척의 단칸방에서 엄마는 배가 불러왔고 산골에서의 절박한 생활에 경험이 없던 엄마는 고통의 나날을 보내며 많이 우셨다고, 내가 중학생일 때 외할머니가 들려주셨다.

가을 들녘이 익어가고 감이 빨갛게 물들어 갈 무렵 엄마는 몸을 풀었지만 열악한 환경에서 난산을 겪으며 산후병을 얻어 삼칠일을 못 넘기고 돌아가셨단다. 서울에서 여전을 졸업한 20세의 신여성은 그렇게 세상을 떠났고 그때부터 할머니와 나는 언제나 이인일체였다. 주변을 맴돌고 서로가 안 보이면 불안하고 놀지도 먹지도 못하는 운명 공동체.

보리방아를 찧던 할머니는 주변에서 놀고 있던 나를 급하게 부르셨고 나는 반사적으로 할머니 치마폭 속으로 숨었다. 찢어지는 굉음을 내며 비행기(B29기)가 날아다녔고 그렇게 6·25전쟁이 터졌다. 낯선 사람들이 마을을 뒤지고 다니며 잡아가기도 하며 어수선해졌다. 그때부터 할머니 등에서 내리지 못하는 왜소한 아이는 언제나 할머니 곁에서 맴돌았다. 두려움의 순간들이었던 이때를 기점으로 모든 기억이 생생하다. 엄마가 아닌 할머니라는 충격도 이 무렵이었던 것 같다.

우유도 설탕도 없는 산골에서 태어난 나를 할머니는 슬퍼할 사이도 없이 배고파 우는 생명을 키워야 했다. 빈 젖을 물렸고 밥물을 먹이고 젖동냥을 다니며 등에서 내려놓지 못하는 아이, 젖동냥도 한두 번이지 어느 날 할머니는 죽을지 살지 모르는 아기를 안고 엄마 산소 앞에서 말도 안 되는 넋두리로 산이 울리도록 실컷 울다 내려오셨다고 했다. "너의 새끼 키울 수가 없으니 데려가든가 젖이 나게 해달라고."

그래도 애가 울면 어쩔 수 없이 젖을 물리던 날들, 아이가 잠이 들어 확인해보니 놀랍게도 말간 물이 나오더라고 하셨다. 아버지를 키우고 22년 만에, 집요하게 빨아대는 아기의 힘이 젖을 나게 하여 살릴 수 있었다고 하셨다.

할머니의 등은 엄마의 가슴을 모르는 나에겐 따뜻하고 포근한 안심처였다. 언제나 할머니 치맛자락이라도 잡고 닿아 있어야 하고 책가방 던지고 목소리라도 들어야 친구와 놀았던, 육학년까지도 할머니 젖을 만지며 잠들고 눈뜨면 찾던 나는 할머니의 애닯은 그림자였다.

나는 딸이 귀한 집의 삼대째 외딸로 태어났다. 할머니 할아버지의 극진한 사랑으로 자랐지만 먹지 못한 체력으로 비실거리며 늘 잔병으로 두 분 마음을 안쓰럽게 했다. 겨울이면 감기에 백일해를 달고 살고 여름이면 배탈과 학질로 하루걸러 열이 올라 쓰러지면 할머니 등에 업혀 하교를 했다. 포대기 들고 달려오신 할머니, 뜨거운 나를 업고 십 리 길을 걸어오시면 모시적삼이 다 젖고 기진맥진하다가 제발 약을 잘 먹으라고 뭐라 뭐라 하시지만 나는 할머니의 따뜻한 등에서 혼절해버리고, 찬 물수건에 깨어나 보면 할머니 옷은 다 젖어 있고 할머니가 베틀에서 짜서 만드신 삼베 포대기도 젖었지만 배탈약도 학질약도 얼마나 쓰던지….

어느 해 가을 논도 밭도 추수를 마치고 추위가 왔다. 황량한 들을 지나 나는 할머니 등에 업혀 이웃 마을로 갔다. 할머니를 반기는 집과 모르는 집을 방문하여 콩을 한 줌씩 얻어 주머니에 담았다. 그렇게 백 집을 다니며 모은 콩으로 두부를 만들고 금줄 단 서낭당 나무 아래서 할머니는 빌며 절을 하시고 나에겐 김 나는 두부를 계속 먹어야 한다고 재촉하셨다. 그래야 기침이 떨어진다고, 그때 질린 두부를 나는 지금도 잘 먹지 않는다. 할머니의 사랑과 정성으로 목숨을 이어왔다.

어린 시절 산을 몇 개 넘어야 하는 할머니의 친정 나들이 길은 나의 가장 즐거운 소풍날이었다. 푸른 소백산 자락 부석사 인근 마을, 험한 산길을 넘고 돌아가는 지루한 길에서 떡을 머리에 이고 타박 걸음 걷는 나를 업고도 발걸음 가볍던 할머니, 지금도 꿈에 한 번씩 나타나는 그 산길은 전설의 고향 같이 무섭고도 험했지만 봄가을의 꽃들과 여름 계곡의 물소리와 할머니의 노랫소리에 귀가 아리고 젖은 눈빛을 잊을 수가 없는, 옛날 동화처럼 아름다운 꿈길인 듯 추억에 잠긴다.

어느 해 여름, 두 사람은 앞서거니 뒤서거니 좋아서 팔짝팔짝 뛰어가다 험한 돌부리에 넘어져 발목을 다쳐서 또 업히게 되었다. 발목이 붓고 저려서 걸을 수가 없었다. 나는 또 할머니의 누비포대기에 싸여 할머니 등에 업혀 읍네 한의원으로 침을 맞으러 다녔다. 피를 빼고 무명으로 싸매고 십 리가 넘는 길을 한동안 업고 다니신 할머니, 이제 누비포대기도 할머니 손이 닿던 나의 엉덩이 부분과 졸라매던 끈이 낡아서 속의 솜은 삐져나오고 헐거워졌다. 수명이 다하도록 수고한 포대기를 할머니는 나 몰래 버렸다고 하셨다. 요즘은 보기 쉽지 않은 포대기지만 그때는 포대기가 육아의 기본 필수품이었다.

미인에 솜씨 좋은 할머니는 요즘 말로 똑똑하고 부지런하셨다. 가난한 선비의 아내였지만 양반가의 솜씨로 종갓집의 맛깔스런 전통을 이었고 동네 아낙들을 모아 삼베며 목화를 키워 길쌈을 가르치고 누에를 키워 물레를 돌리고 베틀을 놓아 옷감을 짰다. 뜨거운 물에서 풀어내던 고치의 번데기는 나의 고소한 간식이었고 친구들이 부러워하던 실크 목도리는 오랫동안 따뜻했다.

세월이 많이 흐르고 〈돌고 도는 인생〉이란 노래처럼 나도 할머니가 되어 귀여운 손자를 맞이했다. 직장 다니는 딸의 첫째 아기를 키우게 되면서 늘 할머니 생각을 했다. 그때와는 물질도 환경도 세상도 변했지만 사랑 없이 할 수 없는 육아를 맡으며 내 손끝에서 먹고 자고 커가는 모습에 기뻐하고 웃으며 껌딱지처럼 붙어다녔다. 업고 시장 가고 목욕 가고 저녁밥을 지었다. 업히고 나가고 싶으면 아무 때고 포대기 끌고 와 나를 앉으라며 칭얼댔다.

뚝섬 한강 수변공원에는 신기한 것도, 보고 싶은 것도 많았던 손자는 멀리서 일하는 크레인을 보면 등을 치고 펄펄 뛰며 가까이 가자고 했다. 나의 등은 내 손자의 침대며 운동장이며 세상을 보여주는 사다리 같은 것, 기꺼이 제공하는 기쁨의 놀이터였다. 정확한 음감으로 〈산토끼〉를 잘 부르며 좋아하던 손자와 동요를 부르며 따뜻한 등에서 잠들어 돌아오곤 했다. 등이 휘고 허리가 아파도 나의 할머니에게 빚을 갚는 심정으로 감사하며 힘들어도 참을 수 있었다.

할머니의 길은 저절로 살아지는 운명처럼 왔다. 삼남매를 잘 키우고 가르쳐 결혼시킬 무렵 경제위기에 처해 부도를 맞고 가정적으로 가장 힘들고 어려울 때 우리 집에 천사처럼 태어나 시련을 잊으며 웃음 짓게 하던 손자는 어느새 의젓한 대학생이 되었다. 딸은 그저 엄마일 뿐, 같이 자고 함께 다니고 같이 아파하며 살아온 20여 년. 할머니의 큰 사랑의 힘을 세대를 이으며 커가는 모습을 대견하게 바라본다. 포

대기의 힘으로 이어진 사랑의 일체감, 뜨거운 체온의 교감은 진한 가족애로 결속됨을 느낀다.

늦도록 자식이 없던 할머니는 하나밖에 낳아보지 못한 귀한 아들을 칠성님이 주셨다고 말씀하셨다. 그 아들의 불행을 당신 몸으로 다 겪으시며 아들과 손녀를 위한 기도를 새벽마다 정한수 올리고 경건하게 하셨다. 보고 배운 습관처럼 나도 늘 감사의 기도를 한다. 세상에 공짜는 없다는 생각으로 오늘도 기쁨과 감사함을 담아서….

인생을 거꾸로 돌려 살 수 없어 내리사랑이라 하지만 철없던 젊은 시절 할머니를 모시고 한 번도 나들이도 못하고 업어드리지도 못한 회한만 남아 죄송한 마음이지만 할머니를 생각하면 아직도 따뜻하고 잘 살아내야지 하면서 힘을 낸다.

한 생명의 생명 값은 얼마나 될까? 새 엄마와 동생이 생기며 할머니와 새 엄마의 갈등까지 겪으며 키워야 했던 할머니의 수고로움은 얼마나 될까? 일찍 철이 든 나는 늘 뭔가를 해야 살아온 값을 할 것 같은 부담감으로 봉사도 하며 살았지만 능력 부족이었다. 이제 황혼 길에서 돌아보니 눈물겹지만 아름답고 숭고한 희생과 사랑의 결실로 인생은 역사를 이루는 것임을 깨달으며, 조용히 단풍 고운 숲을 거닐며 나의 인생도 곱게 물들기를 바라며 문학의 언저리를 맴돌고 있다.

우수상 수상자 **장순교** 씨

"할머니가 주신
선물인 것 같아요"

장순교 씨는 학창 시절부터 꾸준하게 일기를 썼다. 문학을 좋아했고 늘 함께였지만, 많은 사람들이 그렇듯 사는 데 바빠서 글쓰기를 한동안 잊고 살았다. 아이들을 다 키우고 독립을 시키고 나서야 배움에 대한 갈망이 생겼다.

그 역시 아이들을 키우는 일에만 전념하다가 글쓰기는 한동안 잊고 살았다. 아이들을 독립시키고 나니 마음속에 무언가 허전함이 생겼고, 마침 어릴 적 경험하지 못했던 배움에 대한 갈망도 컸다.

"문화센터에서 수필, 서예 다양한 것들을 배우기 시작했어요. 시 낭송도 하고요. 제 나름대로 본격적으로 문학을 접하게 된 거죠. '배움'에서 얻는 행복이 컸어요. 학창 시절 일기를 쓰던 그 솜씨를 자양분으로 글을 쓰는 것이 더 좋아졌고요. 그래서 할머니에 관한 이야기를 혼자서 글로 써봐야겠다고 생각했었어요."

장순교 씨에게 할머니는 어머니와 같은 존재다. 우수상을 받은 작품 <할머니

의 아리랑>은 장순교 씨가 할머니의 기억을 더듬어 솔직하고 담담하게 써 내려간 작품이다. 일찍 돌아가신 어머니를 대신해 할머니가 본인을 키우셨다고.

한 번쯤 남기고 싶었던 할머니의 이야기

"할머니가 쓴 할머니 이야기예요.(웃음) 제가 할머니가 되어 손주를 볼 때마다 할머니가 부르시던 '아리랑'이 그렇게 생각나더라고요. 저를 키우는 것 외에도 수많은 한이 있었을 텐데, 뭐든지 그 노래로 해소를 하셨던 것 같아요. 사실 지금이야 분유고 유모차고 육아를 위해서라면 없는 게 없잖아요. 제 할머니는 항상 저를 포대기에 업고 다녔거든요. 저 역시 손주를 돌보면서 등이 휘고 허리가 아파도 할머니에게 빚을 갚는 심정으로 감사하게 됐어요."

그렇게 어머니처럼 자신을 키워준 할머니지만, 결혼 이후 자주 뵙지 못하고 밥 한 번 제대로 해드린 적이 없는 게 늘 마음에 걸린다고. 그래서 그는 이번 공모전 수상이 갖는 의미가 더욱 남다르다.

"수상 소식 전화를 받자마자 울컥했어요. 허공에다가 '할머니, 감사합니다' 그랬어요. 열심히 살아온 저를 위해 할머니가 주신 선물 같았거든요. 살면서 은혜를 갚지 못한 것이 늘 가슴 아팠는데, 이렇게 글을 통해 할머니 은혜의 만 분의 일이라도 갚은 것 같아 정말 감사해요."

장순교 씨는 글을 써 내려가면서 어부바의 의미를 새삼 진지하게 생각해보게 되었다고 했다.

"사람은 태어나 어머니를 포함한 누군가의 희생정신이 없으면 생존이 어렵잖아요. 요익중생(饒益衆生, 중생에게 이익을 준다)의 마음이 중요한 것 같아요. 할머니가 저를 키우며 하셨던 희생과 할머니께 받은 도움을 생각하며 제가 손주를 업어 키운 것처럼요."

장순교 씨는 이렇게 누군가의 도움을 받고, 또 도움을 주며 살아가는 것이 어부바 사랑이라고 생각한다고 했다. 본인이 할머니에게서 받은 그 사랑처럼 말이다.

가작

김보미

등 위의 졸업식

'털썩.'

아침마다 내가 마당에 내려앉는 소리다. 태어날 때부터 팔다리가 뒤틀려 있었던 터라 자라면서 점점 사지가 굳어 움직일 수 없게 되었다. 다른 아이들이 걷고 뛸 때 나는 엉덩이를 바닥에 끌며 기어 다녔다. 일하러 간 다른 가족들이 돌아올 때까지 그렇게 마당으로 털썩 굴러 강아지와 놀기도 하고, 텃밭에 꽃구경을 하기도 하며 유년 시절을 보냈다. 엄마의 등에 업혀 마을 어귀까지 가보는 것이 내 유일한 외출이었다.

평생을 그렇게 살 줄 알았는데 학교에 갈 나이가 되자 집안에서 큰 소리가 나기 시작했다. 엄마가 나를 학교에 보내겠다고 선언하셨기 때문이다. 작은 어촌 마을에서도 가장 가난한 형편에 보행조차 불가능한 장애인을 학교에 보내겠다는 엄마를 아무도 이해하지 못했다.

그래도 엄마는 포기하지 않으셨다. 아무도 도와주지 않아도 된다고, 방해만 하지 말라고 서슬 퍼런 고함을 치셨다. 혹시나 나 때문에 엄마가 곤란해질까봐 조마조마해하면서도 어린 마음속에 폭죽이 울려 퍼졌다. 대문 밖으로 나갈 수 있는 것도 믿기지 않는데 학교를 다니게 될 줄은 상상도 하지 못했다.

입학식 날, 엄마는 늘 그랬듯 내게 등을 내미셨다. 책가방에 긴 끈을 달아 목에 맨 채로 마당에 쪼그려 앉은 엄마의 등을 그때는 유심히 살피지 못했다. 그저 밖에 나간다는 사실에 들떠 마냥 좋기만 했다.

한 시간에 한 번씩 오는 버스를 기다려 학교까지 걸어가는 길은 녹록지 않았다. 엄마는 수십 번 나를 고쳐 업으셨다. 그렇게 도착한 학교는 크고 눈부셨다. 거의 만나보지 못한 내 또래들이 가득했고, 새로운 냄새와 볼거리로 가득한 곳이었다.

그렇게 어렵사리 만난 별천지가 지옥이 되는 데는 그리 오래 걸리지 않았다. 아이들이 엉덩이를 질질 끌며 화장실로 가는 나를 가만 놔두지 않았기 때문이다. 지네 괴물, 바퀴벌레 같은 별명이 붙었다. 내 등을 때리고 내가 돌아보기 전에 도망가는 놀이가 유행했고, 음식물 찌꺼기나 쓰레기가 책상에 쌓였다.

체육복이나 운동화는 수도 없이 사라졌고, 책가방도 늘 쓰레기통에 뒹굴었다. 아무리 새롭고 신기한 세상에 대한 동경도 그 지독한 괴롭힘을 견디게 해줄 수 없었다. 매일 밤 울면서 잠들던 나는 배가 아프거나 머리가 아픈 신체적인 증상이 반복되었다.

그래도 엄마는 책가방을 목에 걸고 내게 등을 내미셨다. 한사코 거부하는 나를 억지로 업으시며 울음 섞인 목소리로 미안하다고, 미안하다고 하셨다. 잘못한 사람은 엄마가 아닌데 내게 사과하시면서도 학교는 가야 한다고 하셨다. 배워야 한다고. 지금 괴롭고 힘들어도 끝까지 학교를 졸업해야 살아남을 수 있다고 하셨다.

엄마의 작은 등을 보며 더는 버티지 못하고 등교를 했다. 나를 학교에 보내기 위해 마을의 모든 허드렛일을 도맡아하시는 엄마에게 고집을 부릴 수가 없었다. 시간이 지나면 괜찮아질 거라 믿으며 하루하루를 버텼다.

그러던 어느 날, 유독 나를 심하게 괴롭히던 애들 몇 명이 짜고 내 등 뒤로 몰래 다가와 머리카락을 뭉텅이로 잘라버렸다. 하굣길에 나를 데리러 오신 엄마는 까슬까슬해진 내 뒤통수를 손바닥으로 쓸어보시더니 자리에 주저앉아 폭포수 같은 눈물을 쏟으셨다.

그날 밤, 엄마는 또 한 번 아버지와 큰 소리를 내며 싸우셨다. 나를 학교에 보내겠다고 하셨던 날과 같았다. 아버지의 역정 어린 목소리에도 엄마는 물러서지 않으셨다. 비명을 내지르다시피 악다구니를 쓰는 엄마에게 결국 아버지가 마음대로 하라고 하셨다.

다음 날이 돼서야 엄마가 내 수술비를 가지고 아버지와 전쟁을 벌이셨다는 걸 알았다. 집을 담보로 은행에 돈을 빌려 뒤틀린 사지를 수술하기로 한 것이다. 엄마는 수술을 받으면 적어도 혼자 걸을 수는 있을 거라고, 그래야 학교도 다닐 수 있을 것 같다고 말씀하셨다.

그렇게 내 수술을 위해 식구들이 사는 집을 저당 잡히고, 고등학생이던 오빠는 대학을 포기하고 취직을 했다. 미안하고 죄스런 마음에 고개를 들지 못했지만 엄마는 아랑곳하지 않고 언제나처럼 내게 등을 내미셨다. 육지로 나가는 배를 타기 위해 먼 길을 가는 동안 또 수십 번 나를 고쳐 매셨다.

7번이나 큰 수술을 받고도 몇 년이나 길고 잔혹한 재활 기간을 보내야 했다. 조금씩 길어지고 곧게 펴진 사지를 움직이는 건 수술보다 더 고통스러웠다. 온몸이 땀으로 젖고, 입에서는 쉴 새 없이 비명이 터져 나왔다. 그래도 이를 악물었다. 나를 업고 다니느라 항상 엄지발가락에 쥐가 나는 엄마를 위해 포기할 수 없었다.

마침내 내 힘으로 첫 걸음마를 내딛던 날, 비록 몸이 흔들거려 꼭 술에 취한 사람처럼 비틀거리는 모양새였지만 나는 혼자 걸었다. 누구의 도움도 받지 않고 내 발로 병원 복도 끝에서 끝까지 걸었다.

다 커서야 발바닥이 땅에 닿는 느낌을 처음 알게 되었다. 엄마의 등 위에서가 아니라 내 두 발로 서서 바라보는 세상은 다른 눈높이만큼이나 경이롭게 다가왔다. 그 아름다운 세상의 중심에 엄마가 있었다. 엄마의 등이 아니라 엄마의 얼굴이 있었다. 업힐 때는 몰랐던 작고 여윈 모습이 그제야 눈에 들어왔다.

그렇게 보행의 자유를 쟁취한 나는 엄마의 바람대로 차례로 학교를 졸업하고 대도시의 대학으로 유학까지 갔다. 여전히 팔을 허우적거리고 비틀대는 걸음이었지만 내 힘으로 걸어 다녔다.

졸업을 할 때쯤, 오빠가 학교로 찾아왔다. 반가운 마음도 잠시 오빠의 표정이 심상치 않았다. 너무 놀라지는 말라고, 엄마가 좀 편찮으시다고 말을 꺼냈다. 오빠를 따라 고향집으로 내려가는 길이 아득했다.

병원에서 만난 엄마의 몸은 참혹했다. 허리 디스크도 터지고, 무릎도 수술 없이는 안 되고, 발목도 심하게 손상되어 정상적으로 걸을 수가 없다고 했다. 의사선생님마저 혀를 내두를 정도로 망가져 있었다.

나 때문이었다. 나를 업고 세파를 건너는 동안 엄마의 몸은 난파된 배처럼 침몰하고 있었던 것이다. 걷잡을 수 없이 눈물이 쏟아졌지만 울고 있을 겨를이 없었다. 다른 가족들은 모두 일을 해야 하니 내가 엄마를 돌봐드려야 했다. 정신을 다잡았다. 엄마가 내게 그랬듯이 나도 그렇게 최선을 다하고 싶었다.

허리와 무릎, 발목까지 수술을 받아야 하는 엄마를 위해 나는 오빠와 밤마다 휠체어를 미는 연습을 했다. 위험하지 않게 엄마를 태워드릴 수 있을 만큼 능숙하게 다루기까지 꽤 시간이 걸렸다.

어느 정도 자신이 붙었을 때쯤, 엄마 앞에 휠체어를 내밀었다. 엄마는 손사래를 치며 한사코 거부하셨다. 내가 미는 휠체어에 어떻게 앉느냐고 하셨다. 나는 뒤를 돌아 엉거주춤 바닥에 쪼그려 앉았다.

이렇게 등을 내밀고 엄마를 업어주고 싶은데, 평생 나를 업어준 엄마를 나도 업어주고 싶은데 그럴 수가 없다고. 그래서 밤마다 휠체어 미는 연습을 했으니 내 등 대신이라고 생각하고 휠체어에 앉으시라고 간곡히 부탁을 드렸다.

등 뒤에서 엄마가 훌쩍이시며 휠체어에 앉는 소리가 들렸다. 나도 얼른 눈물을 훔치고 씩씩하게 휠체어를 밀었다. 내가 힘들어하면 다시는 앉지 않으실까봐 팔에 힘을 단단히 주고 정신을 집중했다.

그렇게 엄마를 태운 휠체어를 끌며 검사실로, 수술실로, 회복실로, 치료실로 종횡무진 병원을 누볐다. 여전히 나는 엄마를 업어드리지 못하고 엄마의 등을 바라보는 처지이지만 감사하고 또 감사했다. 걸을 수 있다는 것이 이렇게 간절하게 감사한 적이 없었다.

시간이 흘러 몸이 회복되신 엄마는 다행히 큰 후유증 없이 다시 걸을 수 있게 되셨다. 나도 학교로 돌아가 학업을 마치고 졸업을 하게 되었다. 졸업식 날, 온 가족이 나를 축하해주기 위해 도시로 왔다.

나는 엄마의 머리 위에 학사모를 씌워드리고 내 등을 내밀었다. 미리 내 부탁을 받은 아버지와 오빠가 거의 들다시피 엄마를 내 등 위에 올려놓았다. 엄마는 큰일 난다고 빨리 내려놓으라고 소리를 지르셨지만 우리는 똘똘 뭉쳐 엄마를 업었다. 지나가던 사람들이 우리의 사진을 찍어주었다.

나만 엄마 등에서 졸업한 게 아니라 엄마도 내 등 위에서 나를 업고 건너온 긴 세월을 졸업하신 것이니 꼭 사진으로 남겨놓고 싶었다. 엄마 덕분에 두 발로 땅을 딛고 선 내가 있다는 걸 꼭 말씀드리고 싶었다. 아직도 그 사진을 보면 그때의 흥분과 감격이 떠올라 가슴이 두근두근거린다. 아버지와 오빠가 몸무게를 받치고 나는 업는 시늉만 했지만 그래도 내 등 위에서 학사모를 쓰신 엄마는 무척 행복해 보였다.

서로의 등 위에서 각자의 고된 시절을 졸업한 우리 모녀는 이제 나란히 서서 손을 마주잡고 걸어보려 한다. 앞으로도 견딜 수 없는 세월이 우리를 찾아오겠지만 따뜻했던 등 위의 졸업식을 기억하며 이겨나갈 것이다.

들어보세요

가작

김분희

신하 휴대전화 앞으로 오세요

사거리 건널목 바로 앞 공터에 우유갑 같은 건물이 들어섰어요. 바로
앞에는 자동차 4대를 주차할 수 있도록 하얀 페인트 줄이 그어져 있
었지요.

"여기 뭐가 들어서려나?"

"그러게 말이야. 커피숍일까?"

지나가는 사람들은 하나같이 어떤 가게가 들어설지 궁금해 했지요.
얼마 지나지 않아 궁금증이 해소되었어요. '신하 휴대전화'라는 간판
이 걸렸거든요. 어수선하던 건물 안에는 최신형 스마트폰이 가지런히
전시되기 시작했어요. 새 물건이 담겼던 박스는 문 앞에 툭툭 던져졌
어요. 사장은 부지런히 쓸고 닦느라 바빴지요.

"저, 사장님. 이 상자 가져가도 될까요?"

문 앞에서 힘없는 목소리가 들렸어요.

"네?"

먼지를 쓸어 담던 사장은 무슨 소린가 하여 뒤돌아봤지요.

"이, 이 상자…."

사장은 잘 정리된 종이 상자 몇 개가 담긴 녹슨 손수레를 보고 한눈에 폐지 줍는 할머니란 걸 알아차렸어요.

"네, 할머니. 가져가셔도 돼요."

말이 떨어지자마자 할머니는 손수레를 세워두고 서둘러 박스를 납작하게 밟았어요. 할머니는 하루 벌어 하루 사는 사람들의 조급함으로 서둘러 일했어요. 눈을 껌뻑이며 보고 있던 사장도 묵직한 발로 쿵쿵 박스를 밟았어요.

"아휴, 고마워요."

할머니는 굽은 허리를 힘겹게 세우며 기운 없는 목소리로 말했어요.

"가게 청소하고 나서 정리하려던 참인걸요. 뭐."

사장은 리어카 옆으로 눌린 박스를 옮겨놓고는 가게로 급하게 뛰어 들어갔어요. 할머니는 차곡차곡 상자를 쌓았어요. 그리고 떨어지지 않도록 낡은 고무줄로 묶고 있었어요.

"할머니, 여기 개업 떡이에요. 맛있게 드세요."

"아니에요. 상자만도 고마운데…."

사장은 마다하는 할머니 손에 넉넉하게 담은 개업 떡을 올려주고 돌아섰어요. 가게 문 앞에서 할 말이 생각난 듯 휙 돌아섰지요.

"월요일마다 상품이 들어와요. 상자 가지러 오세요. 할머니."

할머니는 몇 번이나 고맙다는 인사를 하고는 무거워진 수레를 돌렸어요.

폐지를 모아 파는 할머니는 초등학교에 다니는 손녀와 함께 지하 단칸방에 살고 있어요. 일찍 철이 든 손녀는 밥상에 식은 밥과 까만 콩자반만 올라와도 불평 한 번 하지 않아요.

할머니는 뜨끈한 개업 떡이 식기 전에 손녀에게 먹이고 싶었어요. 폐지를 줍던 골목을 지나쳐 평소보다 이른 시간에 집에 도착했어요.

"할머니, 오셨어요?"

책상 앞에 앉아 숙제하던 손녀는 문이 열리는 소리에 서둘러 나갔지요.

"그래. 여기 먹을 것 가져왔다."

오랜만에 할머니와 손녀는 저녁으로 떡을 먹었지요. 할머니는 손녀가 맛있게 먹는 모습만 봐도 배부른 것 같았어요.

"할머니 더 드세요?"

"나는 오는 길에 먹었다. 너나 어이 먹어."

할머니가 안 드시니 손녀도 덩달아 떡을 내려놨어요. 할머니는 체했는지 가슴을 세게 치며 흡흡 소리를 냈어요. 눈치 빠른 손녀는 얼른 부엌으로 가 물 한 그릇 떠왔지요.

"어으, 이제 소화 됐나 부다."

손녀는 가슴을 쓸어내리는 할머니의 주름진 미소가 안쓰러워 눈시울이 붉어졌어요.

할머니는 등교하는 손녀를 챙기고는 서둘러 '신하 휴대전화' 앞으로 갔어요. 사거리에서 신호를 기다리는데, 가게 앞에 알부자로 알려진 짠돌이 영감이 있지 뭐예요. 자전거 뒤에는 붉은 끈으로 묶여 있는 납작한 상자들이 보였어요.

"어, 저기…."

할머니는 허망하게 한 손을 올려 허공을 향해 저었어요. 신호가 바뀌자마자 절룩거리는 다리를 끌고 급하게 가게 앞에 도착했어요. 짠돌이 영감이 지나간 자리에는 아무것도 없었지요. 매서운 바람이 휙 지나가 헝클어진 머리를 매만졌어요. 가게 앞으로 가 문을 두드렸지요.

"네, 할머니. 오셨어요."

가게 사장이 할머니를 보고는 반갑게 인사했어요.

"저, 상자…."

"아, 상자요. 여기 묶어뒀는데, 어디 갔지?"

사장은 한 손으로 문 앞을 가리키다 다른 손으로 머리를 멋쩍게 긁었어요.

"다른 사람이 가져갔나 봐요. 할머니. 이제 가게 안에 둬야겠어요. 할머니 오시면 내드릴게."

"고마워요."

할머니는 힘없는 목소리를 내어놓고 서둘러 돌아섰어요. 사장은 할머니가 골목길로 들어서 보이지 않을 때까지 그 자리에 서 있었어요.

"어이, 춥다. 문 닫아."

가게 안에 있던 사장 지인이 들어오는 차가운 바람에 옷깃을 여몄어요. 사장이 서둘러 들어오자 지인이 말을 이었지요.

"아까 그 할머니. 참 안됐어."

"할머니를 알아?"

"어. 이 동네에선 유명하지."

사장 지인은 할머니가 이 동네 최고 부잣집에 시집왔는데, 술주정뱅이 남편이 재산을 탕진하고는 추운 겨울 길에서 동사했다는 얘기를 구구절절 늘어놓았지요. 할머니에게는 아들이 있었는데 남편처럼 술주정뱅이가 되더니 지금은 행방불명 상태라는 것과 며느리가 집을 나가 손녀를 돌보며 어렵게 산다는 거였어요.

"아이고, 이런. 할머니 너무 안됐다."

"그렇지. 내가 그 아들과 어릴 적 친구였어."

"아하. 그래서 사정을 잘 아는구나."

"할머니가 만들어준 떡볶이가 아직도 생각나. 정말 맛있었거든. 시중에 파는 떡볶이랑은 차원이 다르다니까."

"그래? 어떤 맛인데?"

사장 지인은 고급스러운 떡볶이의 맛을 맛깔나게 설명했지요. 이야기만 들어도 저절로 침이 고일 듯했어요.

"어느 날 할머니가 떡볶이 만드는 모습을 지켜본 적 있었거든. 그래서 잘 알아. 우선 버섯을 비롯해 각종 야채가 들어간 전골을 끓였어. 나는 속으로 떡볶이가 뭐 저렇게 허연가 하고 생각했었거든. 국그릇에 간장을 절반이 안 되게 부었어. 그 위에 갓 빻은 마늘을 살포시 얹고 다시마와 새우를 넣어 불 옆에 두었어. 생각해봐. 까만 간장에 빨간 새우와 뽀얀 마늘에 다시마까지 넣어둔 모양 말이야. 한 폭의 그림 같았지."

사장 지인은 탁자에 올려둔 오렌지 주스를 꿀꺽꿀꺽 삼켰어요.

"그래서, 그래서 그다음은?"

"아휴, 재촉하기는. 완성된 육수에 방금 말했던 그 재료가 우러난 간장을 넣어 한소끔 끓였어. 그러고는 어묵을 잘라 그릇에 담더니 뜨거운 물을 부었어. 어묵의 기름기를 빼는 과정이었지. 고추장에 끓고 있는 육수를 조금 넣어 묽게 섞었어. 기름을 뺀 어묵에 넣어 버무렸지.

나는 반짝반짝 윤나는 어묵 반찬이 참 맛있겠다고 생각하며 군침을 흘렸던 기억이 나. 그런데 어묵 반찬이라고 생각했던 건 내 착각이었어. 잠시 후 끓고 있는 육수에 쏟아 넣었거든. 떡볶이 재료를 일일이 양념이 배도록 밑간을 해서 넣었던 거지."

"대단한 정성이다. 떡볶이라고 얕보았다간 큰일 나겠어."

사장 지인은 한참을 웃으며 이야기를 이어갔어요.

"부글부글 국물이 빨갛게 끓을 때 즈음 먹기 좋게 자른 가래떡을 넣어 한소끔 더 끓였지. 떡이 적당히 익어 떡볶이 솥이 불에서 내려왔을 때 우린 환호성을 질렀어."

"얘기만 들었는데도 군침이 돈다. 안 되겠다. 오늘 저녁 메뉴는 떡볶이. 어때?"

"좋지."

먹는 이야기는 참으로 사람들을 즐겁게 하지요. 그런데 사장은 웃으면서도 할머니의 안타까운 사정이 생각나 마음이 무거웠어요.

"저기요."

가게 문 앞에는 솜이 가득 든 바지와 점퍼를 입고 귀까지 덮는 모자를 쓴 할아버지가 서 있었어요.

"손님 들어오세요."

"아니. 그. 청할 게 있어서…."

"네? 무슨 일이신가요?"

"저기 저 포장마차 말이오."

할아버지는 신하 휴대전화 앞 주차장 끄트머리에 세워둔 낡은 포장마차 수레를 가리켰어요.

"여기 며칠만 두면 안 될까요?"

"음. 여기는 손님들 주차하는 곳인데…. 무슨 일이신가요?"

할아버지는 포장마차에서 떡볶이 장사를 했는데, 미국에 사는 아들네한테 가야 하는 사정을 말했어요. 포장마차를 팔려고 하니 사는 사람이 없어서 난감하다며, 사람들이 많이 다니는 사거리에 세워두고, 현수막을 붙여놓으면 금방 나가지 않을까 싶다고 했어요. 사장은 번뜩 폐지 줍는 할머니가 생각났어요.

"저, 포장마차 얼마에 파실 건가요?"

할아버지와 사장은 포장마차 매매 가격에 대한 이야기를 한참 주고받았어요. 사장이 폐지 줍는 할머니를 얘기했더니 할아버지는 깊은 생각에 빠진 듯 고개를 여러 번 끄덕였어요. 할아버지는 큰 결심을 한 듯 목소리를 높여 말했어요.

"자. 그럼. 그렇게 합시다. 손해 보는 장사긴 한데, 언제 임자가 나타날지 모르기도 하고. 또 젊은 사람이 참 속이 깊어 나도 좋은 일에 동참하고 싶네요."

"아이고, 감사합니다. 할아버지."

사장은 할아버지 손을 덥석 잡으며 고마움을 표시했어요.

"무슨 내가 고맙지. 공짜로 주는 것도 아닌걸 뭐."

사거리에는 오랜만에 따뜻한 웃음소리가 울려 퍼졌어요.

지인은 사장이 포장마차를 인수한 이야기를 듣더니 내 일처럼 기뻐했어요. 지인과 사장은 함께 포장마차를 설치했어요. 단단하게 설치를 마무리한 포장마차는 신하 휴대전화 주차장의 절반을 차지했지요.

"너 장사하는데 괜찮겠냐?"

"당연히 괜찮지. 하하하."

사장과 지인은 행주를 들고서 포장마차를 새롭게 단장하는데 열심이었어요. 마침 폐지 줍는 할머니가 손수레를 끌고 지나갔지요. 사장은 할머니를 한눈에 알아보고 큰 소리로 외쳤어요.

"할머니. 할머니!"

가던 길을 멈춘 할머니는 굽은 허리를 힘겹게 세우며 뒤돌아봤지요. 사장은 시원스럽게 반짝이는 이마를 앞세우고 발그레한 미소로 할머니에게 달려갔어요.

가작

서지은

토요선생(土曜先生)의 어부바 시간

"와! 토요선생님이다."

나의 이름이다. 아이들은 내가 '토요일'마다 온다고 하여 그렇게 부르고 있었다. 당시 대학교 1학년인 나는, 경기도의 한 도시에 있는 '천사의 집'이라는 아동입소보호소에 토요일마다 방문하는 일명, 토요선생. 교환학생으로 떠난 4학년 1학기 때까지. 총 3년 6개월 동안 부여된 새로운 이름은 토요선생님이었다. 그곳은 3층으로 이뤄진 단층건물이었고 지금은 떠나온 경기도 A시에 위치한, 장로회 소속의 교회 옆에 있지만 교회 소속이 아닌. 시에서 운영하는 아동입소보호소. 교회와 지역사회가 서로 협업하고 연계하여 부모 또는 보호자가 아이들을 보호할 수 없는 환경 속에 놓여 있는 아이들을 모집하여 일정기간 관리하고 보호하는 또 다른 가족의 형태였다. 공식 명칭은 천사의 집. 국문학을 전공해 '교육'에 관심이 많던 나는 대학청년부에 소속된 청년부 언니의 권유로 전공을 살려 학생들에게 국어와 글쓰기를 무료로 가르치는 봉사활동을 계기로 토요선생님이 되었다.

"선생님, 저는 토요일이 좋아요. 토요선생님이 오니까요! 어부바 해주세요. 빨리요! 빨리!"
"야! 비켜. 나 먼저 해주세요. 토요선생님 제발요!"
"야!!! 비키라고."
봉사활동 담당 복지사 선생님은 내게 토요일마다 초등학교 1학년 여자아이 4명에게 1시간 30분씩 글쓰기 수업과 숙제 등을 돌봐주면 된다고 했지, '어부바 놀이'나 '소꿉놀이'를 요구한 적은 없었다. 천사의 집은 넓은 다세대 집의 구조였고, 각 동마다 초등학교 1학년부터 고교 3학년까지의 입소아동들이 상주하는 복지사 선생님과 밤낮을 함께 지내며 생활하는 구조였다. 입소 가능한 학년은 고3까지이며, 때가 되면 자립 준비를 적정선까지 도와주고 고교를 졸업하는 스무 살이 되면 이유 불문하고 공식적으로 '무조건' 퇴소해야 한다는 말씀도 함께 전해주셨다. 마지막으로 내게 신신당부를 하나 하셨다. 얼마나 강하게 힘주어 말씀하셨는지, 그때 그날의 복지사 선생님의 근엄한 표정, 비장한 얼굴에 드러난 칼 같은 눈빛과 공기가 지금도 생생하게 기억이 난다.

첫째, '절대 울지 말 것'. 내게 요구한 첫 번째 조건이었다. 많은 봉사자들이 아이들을 지도하면서 자신의 마음이 아프다고 아이들 앞에서 쉽게 눈물을 보인다고 했다. 그런 일시적인 '눈물'은, 아이들의 정서에 절대적인 해악을 끼친다고 펄펄 뛰셨다. 10년도 더 된 일을 생각해볼 때 봉사자 선생님께서 숱하게 보았던 사람들의 '동정'의 눈물이 얼마나 자기중심적이고 때때로 이기적이기까지 했을지 짐작이 간다. 우리는 '타인을 위한다'는 명목 아래 얼마나 쉽고 그럴싸하게 '봉사'를 포장하곤 했는가. 물론 한겨울 고요히 내려앉은 소리 없는 희고 깨끗한 눈과 같은 순정을 지닌 복 짓는 봉사가 더 많겠지만 왜곡된 봉사, 왜곡된 동정은 늘 서글프게 뉴스 비리 문제의 단골로 자리하지 않았던가. 특히 이렇게 쌀쌀한 바람이 잦아들고 한 해의 끝에 머무르면 '날 좋은 날, 신나고 활기찬 여름'엔 존재하지 않은 산타들의 선물과 증정식이 왜 그리 많을까. 추운 날씨에만, 한 해의 끝에서만 존재하는 산타 선물 말고, 벚꽃 피는 따뜻한 봄날에도 이유 불문 뛰어들고 푸른 바다가 저절로 생각나는 바캉스의 계절에도 나타나는 산타는 정녕 없는 건가? "부자는 좋은 사람이 되기 쉽다"는 어떤 드라마의 대사가 떠오른다. 일시적인 증정식으로 얻은 떠들썩한 존경심 뒤에 남은 이들의 고유의 익명성. 한겨울 차가운 공기보다 적막한 휑한 마음을, 우리는 알고 싶지도 알려고도 하지 않는다. 나도 그리고 당신도. 우리 모두는 늘 공범이었고, 사회는 너무나 손쉽게 동정이란 이름으로 가려진 따스함을 이용해오지 않았던가. 복지사 선생님이 힘주어 말씀하셨던 첫 번째 당부를 가슴으로 받았다. 교환학생으로 떠나기 위해 마지막 수업을 하던 날도 아이들 앞에서 아쉬움과 섭섭함, 미안함의 복합적 감정을 조절하며 애써 눈물을 속으로 삼킨 기특한 나였다. '이름'을 걸고 꼭 지켜내야 했던 약속이었고 보이지 않는 노력이었으며 심심단련을 수련하는 일종의 도전이었다. 나는 그렇게 3년 6개월 동안 그 약속과 도전을 이뤄냈다. 교환학생을 떠나기 위해 마지막 수업을 치렀던 4학년 1학기까지. 정들었던 아이들이 붙여준 토요선생의 이름을 반납하는 그날까지 난 울지 않고 마지막 수업을 마쳤다. 수업을 마친 여름날의 뜨거운 열기가 땅 위에 더해지던 토요일 오후 3시 30분. 집으로 가기 위해 버스를 기다리는 버스정류장 앞에서 미친 듯이 삼킨 낯선 감정을 터트려 어린아이처럼 엉엉 소리 내어 울었다.

"둘째, 공부 외 어떠한 '놀이'로 시간을 때우시면 안 됩니다. 아무리 아이들이 어려서 놀아달라고 해도요. 아시겠죠?"
국어공부 외 어떠한 '놀이'로 시간을 때우지 않을 것. 즉, 아이들이 봉사자에게 떼를 쓰며 놀아달라고 해도 냉정히 국어와 글쓰기 등의 수업만 지도할 것. 복지사 선생님은 첫 번째 당부보다 두 번째 당부를 더 힘주어 말씀하셨다. 나는 충분히 공감했다. '어부바 놀이'를 알기 전까지. 나는 복지사 선생님의 약속을 모두 이행할 생각이었다. 내가 가르친 초등학교 1학년 여자아이 4명의 국어 수준은 모두 달랐다. '가'라는 아이는 할아버지와 살다가 이곳으로 왔다고 했다. 아이들은 생각보다(왜 '생각보다'라고 생각했는지 나도 모르겠다) 명랑했고, 한글을 모두 깨쳤고 학급 부반장이 되었다고 했다. '나'라는 아이는 엄마와 살다가 왔으며 목욕하는 것이 신난다고 했다. 수영장을 가는 기분이 든다고 했고 자신은 우주비행사가 되는 것이 꿈이라고 했다. 나는 으레 이유를 물었다. 마치 자판기 앞에서 내가 누른 커피가 응당 나오는 것을 아는 사람처럼. 어쩌면, 나는. 초등학교 1학년 아이다운 귀엽고 형식적인 '어린이다운' 대답을 원했는지도 모른다. 아이는 의외의 답변을 이어갔다.

"우주 비행사가 되어서, 우주를 날면서 지구의 모든 기억을 잊고 싶어요! 토요선생님 어부바 해주세요. 우주 비행 놀이처럼!"

"나도요! 나도."

아이들 4명이 나에게 떼를 썼다. '우주 비행 놀이'처럼 어부바를 해달라는 아이의 얼굴에서 살면서 한 번도 보지 못한 어떤 사람의 눈빛 같은 것을 처음 보았다. 어떤 기억을 품고 8년의 시간을 살아왔는지 나는 알 수 없지만, 지레 짐작하지 않기로 했다. 그러기엔 우주비행사가 되고 싶다던 아이의 꿈의 이유가 너무나도 쓸쓸하고 슬프며 처연했기 때문에. 나는 갈등했다. 복지사 선생님께 두 가지의 약조를 하지 않았던가? 아이들 앞에서 어떠한 눈물도 보이지 말 것과 어떠한 '놀이', 즉 공부 외의 아이들의 투정을 받아들이지 않겠다는 약속. 나는 차분히 4명의 아이들을 달래기 시작했다. 침착하게 이유를 설명하고 준비해 간 글쓰기 수업과 만들기 재료들을 보여주며 앞으로의 수업이 얼마나 재미있을지 설명했다. 다정하게 말을 건네면 건넬수록 아이들의 투정은 파도처럼 거세면서도 푸르렀으며 점점 더 짙고 검푸르게 변했다. 모순적이게도 그럴수록 그 투정들이 애절하게 사방으로 번져갔고 어느 물보다 투명했다.

언제나 그랬다. 토요일, 토요선생님인 나는 천사의 집 안방에서 4명의 초등학교 1학년 아이들을 지도할 때 작은 밥상처럼 생긴 상을 펴놓고 가르쳤지만 서로 내 옆에 앉겠다고 수업 전마다 전쟁이었다. '나여서'가 아니었다. 그 누구라도 곁을 내주는 사람이 있다면 아이들은 살을 부비고, 조금 더 가까이 앉으며 엄마의 품처럼 마음을 놓고 싶어 했던 것 같다. 요일을 정해 네모난 상 사각 면을 나눠 앉는 것으로 전쟁은 종식되었지만 이번엔 달랐다. 막무가내로 아이들은 '어부바'를 해달라고 조르더니, 이윽고 울먹였다. 그리고 덧붙인 말.

"토요선생님. 제발요."

"제발이요."

왜 그렇게 아이들은 간절해야만 할까. 아이들의 '제발'이라는 말이 절규처럼 들렸다. 얼굴은 일그러졌으나 거대한 망망대해 앞에서 홀로 남겨져서 혼자 울고 있는 각기 다른 아이들로 보였다. 아무도 없는 바다 앞에서 '혼자 울도록' 남겨두는 일. 그것만큼 무서운 일이 있을까? 무엇이 아이들을 푸른 바다가 아닌 멍들고 검고 무서운 바다 앞으로 끌고 가 누구에게도 투정부릴 수 없는 초등학교 1학년으로 만든 것일까. 그때의 그 장면은 교단에서 수업을 하던 먼 훗날의 나를 이끌고 가는 무언의 교육철학이요, 생(生)의 장면이 되었다. 30분쯤 아이들을 달래는 건 진이 빠지는 일이었다. 복지사 선생님은 너무나 완강히 내게 두 가지 부탁을 하셨고, 그 뜻을 잘 이해했기에 끝까지 지켜야 한다고 생각했다. 엄연히 스무 살이 넘은 성인이었으나, 고작 대학교 1학년이었던 나는 아이들의 울먹임을 달래는 데 점점 치처 진이 빠져가고 있었다. 그건 체력이 아니라, 지켜야 했던 복지사와의 약속과 절벽 끝에서 멀리 날아가버린 엄마 품을 그리워하며 세상의 손길을 기다리는 새끼 새들의 '절규' 때문이었다.

나는 늘 감정적인 사람이 되긴 싫었다. 국문과 학생들은 감성적일 것이라는 사회의 편견이 지독히 싫었다. 무슨 과에 입학했냐는 질문이 순수한 질문이 아니라는 것을 이미 알았고, "국문과"요라고 말하지 않고 늘 "국어국문학과"라고 말했다. 같은 말이지만, 국문학은 그저 당신들이 생각하는 대학의 낭만을 무기삼아 굶어가는 과가 아니라고. 그런 대학교 1학년이 아니라고 세상에 소리치고 싶었다. 그렇지만 힘이 없었다. 늘 외쳐도 소리 없이 사라질 수 있는 평범한, 그냥 그런 '국문과 1학년'이었다. "국문과니까 감수성 많겠네"라는 답변에 감정과 감수성은 엄연히 다른 것이고, 감수성은 인간의 가장 순수한 고도의 감정이라고 야무지게 설명하지 못했다.

늘 고귀한 감수성은 감정이란 단어로 치환되거나 동의어로 전락하는 세상에서 나는 철저히 이성적이고 덜 감정적이고 싶었다. 비유와 은유가 생략된 감정적인 연애편지 같은 어설픈 글들이 싫어, 미친 듯이 신문을 읽었고, 책 속에 사유의 잠식하며 끝끝내 논술 전형으로 대학에 들어갔다. 어쩌면 이성적인 사고의 대표주자로 보이는 아빠에게 학습되었을 수도 있고 진정한 언어의 힘이란 무엇인지, 순수학문의 국문학으로 감수성이란 무엇인지를 증명해 보이고 싶었을 수도 있다. 글쎄, 나는 증명했을까, 라는 물음에 대답하지 못하고 있었다. 나는 아이들의 울먹임에도 이성적이고 싶었다. 아니, 이성적이어야 했다. 복지사 님이 "국문과이니까, 감수성으로 우시거나 아이들 말을 들어주시면 안 돼요"라는 말을 맨 마지막에 했기 때문이다. 왜, 국문과는 늘 울거나 비이성적이거나 마음이 약하다고 생각하는지 따지고 싶지 않았다. '내 행동으로 보여주리라. 시끄러운 말보다 백만 배 천만 배 고요한 울림의 글로 이야기하리라' 나는 다짐했었다. 토요선생의 수업 시간은 1시간 30분. 정확히 시간을 지키는 이성적인 선생님이고 싶었으나 그날 이후부터 수업 시간을 30분 연장했다. 30분 일찍 천사의 집으로 향했기 때문이다. 아이들을 업어주는 어부바 시간을 수업에 확보한 것. 어부바를 수업 시간으로 할애하자 한 아이는 내게 본인이 그림일기를 쓰기 시작했다고 속삭였다. 연이어 다른 아이는 매일 밤 기도를 한다고 했다. 이유는 모두, 토요일의 어부바 시간을 기다리는 간절함의 '제발'이었다.

이전의 아이들의 '제발'과 그 이후의 '제발'은 언어의 온도가 달랐다. '제발'이라는 단어가 다르게 쓰일 수 있다는 것을 배웠다. 국어학에서도 국문학에서도 배우지 못한 '언어의 특성'이었다. 시간이 지난 '제발'은 처연함과 구슬픔이 아닌, '설레는 기다림'이고, '타인과 나누는 온정'이고, 새로운 '꿈'이며 자라나는 '성장'의 단어였다. 시간이 지나, 토요선생과 어부바선생을 하던 4학년 1학기. 국어국문학과 학생은 교환학생을 떠났고 1년의 교환학생을 마무리하던 마지막 날 여행길에서 다시 그 어부바의 시간을 보았다. 추운 한겨울 끝에서 동아시아 대륙의 횡단열차를 타고 함께 공부하던 동학들과 황허강 어느 하얀 동상 앞에 이르렀다. 중국인 친구는 황허강이 중국의 "어머니의 강"이라고 불리며, "모태(母胎)의 강"이라고 설명했다. 동상을 유심히 보았다. 거대한 흰색의 동상은 어머니가 어린아이를 안고 있는 모습이었다. 따스하고 자애로운 가장 따뜻한 온도가 있다면 그 동상의 어머니의 표정 같아 보였다. 품에 안긴 아이는 어떠한 걱정도 아픔도 없어 보였다. 유유히 흐르는 대륙의 황허강은 소리 없이 흐르고 너무나 잔잔하여 얼핏 유속이 빠르지 않은 것처럼 보이나 어느 강보다 빠르게 흐르는 강이라며 조심해야 한다고 했다. 거대한 동상 앞에서 불현듯 아이들을 업어주던 3년 6개월의 토요, 어부바 선생 시절을 생각했다. 그때 내가 나눈 어색하고 서툰 어부바를 통해 등 뒤에 느낀 나의 체온이 아이들의 저마다의 인생에서 언젠가, 꼭 필요한 세상의 온기였고, 사랑이 아니었을까?

태어나 처음으로 부모님이 아닌 타인을 업어본 나의 스무 살 무렵. 등 뒤에 업힌 아이들의 이름과 웃음이 이따금씩 생각이 났다. 교환학생을 마치고 귀국해 대학원 입학을 치르고 학업을 이어가던 어느 날 나는 다시 그곳을 찾았었다. 그러나 아이들은 볼 수 없었다. 아이들을 입소시킨 보호자들이 하나둘씩 조금은 상황이 나아지면서 아이들이 전원 가정으로 복귀되었다는 소식만 들었다. 천사의 집 건물도 다른 타 기관에 매각된 상태였다. 10년도 더 된 일들은 내가 중고교에서 아이들을 만날 때마다 이따금씩 다시 떠올랐다. 대학생이던 그때처럼 학교의 아이들을 물리적으로 업어줄 순 없지만, 어쩌면 그때보다 더 따뜻하게 업어주리라 매번 다짐하면서 학생들을 만나왔다. 내게 어부바를 해달라던 귀여운 초등학교 1학년 아이들이 대학생이던 나의 나이가 됐다.

그 아이들은 또 누군가의 어부바를 하고 있지 않을까? 그때의 나처럼. 어쩌면 우리에게 어부바란, 세상에 쓰는 다정한 편지요, 노래요, 가장 완벽한 시(詩)이고, 소리도 그림자도 없는 고요한 설경(雪景)이요, '나'라는 국문학과 학생이 써온 글 중에 가장 순도 높은 절정의 감수성(感受性)이다.

그때의 아이들아, 지금의 숙녀(淑女)들아.

너를 업어줄 세상에게, 그리고 세상을 업어줄 너에게.

부디, 언제나 어부바하기를.

가작

신혜정

엄마의 예언은 적중률 120%

"너도, 나중에 꼭 너 같은 딸 낳아봐라!"

평소에 엄마가 나의 잘못으로 인해 화가 많이 나실 때나 깊이 실망하셨을 때마다 이 세상 최고의 악담이라며, 내게 종종 하시던 말씀이다. 때로는 내가 공부를 잘해서 너무 자랑스러우실 때나 가끔씩, 아주 가끔씩 사랑스러우실 때는 그 내용은 똑같으나 느낌은 전혀 다른, 세상 최고의 덕담을 하시기도 하셨다.

"너는, 아마도 꼭 너 닮은 딸 낳을 거야!"

이렇게.

이렇게, 실제로 나는 딸을 낳았고, 게다가 나를 꼭 닮은 딸을 낳았다.

사실 멜빵바지 입고 놀이터에서 온종일 흙장난하다 얼굴이 까매져서 집에 들어올 개구쟁이 아들을 낳길 난 내심 바랐었다. 나만 혼자 여자라서, 남편과 아들, 집안 남자들의 사랑을 모두 독차지하고 싶은 야무진 욕심도 있었다. 그리고 그것보다 더 중요한 이유는 엄마 말대로 진짜 나 같은 딸이 나올까봐 사실 무섭고 또 두렵기도 했었다.

우리 엄마의 저주가 미래에 실현될까 염려된 것이다.

그렇게 무럭무럭 자라서 우리 딸, 다예가 여섯 살인가 일곱 살인가 되던 해에 엄마와 나 그리고 딸과 함께 모처럼의 휴일을 맞아 집 앞 가까운 작은 공원을 산책하던 중이었다.

그날따라 무척 피곤했는지, 벌써 졸렸는지 나와 할머니 사이에서 손을 잡고 잘 걷던 딸이 자기 다리가 아프다며 그 자리에 주질러앉아버렸다. 그러고는 연신 업어달라고 나에게 떼를 쓰는 것이다.

"다예야! 너는 아기야? 아니면 너는 어린이야?"

교묘하게 따지고 들자,

"어린이!"

요 녀석, 대답은 크게 한다.

"어린이면 혼자서 걸어야지. 아기나 엄마한테 업어 달라고 하는 거야. 너도 알지?"

뾰로통한 딸은 입을 쭈욱 내밀며 내 말에 지지 않으려 말대꾸를 했다.

"그럼, 이렇게 할래. 지금 난 어린이지만, 잠시 타임머신을 타고 아기로 돌아갈 테야."

옆에 있던 할머니가 피식 웃으시며 떼쓰는 것도 꼭 지 엄마를 닮았다며 다예에게 얼른 등을 대주신다.

"자, 할매한테 어부바!"

"앗싸, 어부바! 할머니 최고!"

다예는 신이 나서 얼른 할머니 등에 업히고 나는 그런 딸에게 똑똑히 잘 들으라고 더 큰 소리로 말했다.

"동네 사람들! 여기 좀 보세요! 글쎄, 다 큰 어린이가 할머니 등에 업혔데요!"

딴에는 자존심이 상했는지 그제야 할머니 등에서 스르르 내려온다.

의기소침해진 딸을 보니 곧, 장난이 치고 싶어진 나는 다리가 너무 아파서 도저히 걸을 수가 없다며 쭈그려 앉아서 말했다.

"다예야! 엄마도 좀 업어주라. 응? 나도 잠시만 타임머신 타고 아기로 돌아갈게, 제발."

"이렇게 다 큰 어른을 어떻게 어린이가 업어줘? 그럴 수가 없지. 말도 안 되지. 엄마 바보!"

그렇게 그날, 세 모녀는 짧지만 유쾌한 하루를 보냈었다.

그렇게 그해에도 여름이 지나고, 달력이 몇 장 넘어가더니 드디어 내 생일이 다가오고 있었다. 뭐든 만드는 걸 좋아하는 다예에게 이번에는 무슨 선물을 만들어줄지 궁금해 미리 물어보았다. 참고로 작년엔 빼빼로 과자 상자에 동전을 넣을 수 있는 작은 구멍을 뚫고, 스카치테이프를 붙여서 자유자재로 개폐(開閉)를 할 수 있는 저금통을 만들어주었다.

"이번 내 생일 선물은 뭘까? 미리 먼저 말해주면 안 될까?"

"쉿! 그건 절대! 비밀!"

다예의 단호한 거절에 궁금증만 더 커져갔다. 내 생일 전날에는, 딸이 저녁식사 이후로 하루 종일 자기 방안에 틀어박혀서는 택배 상자를 가지고 씨름을 하고 있었다. 혹시 더 큰 저금통을 만들어주려나 싶다.

"내 생일 선물이 뭐냐에 따라서 너의 생일 선물도 달라진다는 사실, 너도 잘 알고 있지?"

나보다 생일이 늦은 다예에게 매년 하는 그야말로 협박 아닌 협박이다. 거기에 세상은 기브 앤 테이크(give and take)라는 말을 덧붙이는 걸 잊지 않는다.

생일이 되자 나는 우선 먼저 손수 아침부터 미역국을 끓여주신 엄마에게 당당히 선물을 요구했다. 그러자 엄마는 숟가락을 식탁에 '탁' 소리가 나게 놓으시더니 되려 역정을 내시는 것이다.

"생일이면 내가 널 낳느라고 고생했으니 오히려 네가 나한테 선물을 주고, 어? 미역국도 끓여줘야지. 그래, 안 그래?"

참으로 맞는 말이기는 했다. 나를 낳아주시느라 힘들었을 어머니께 선물을 드려야 오히려 마땅한 건 사실이다.

"그나저나 다예의 선물은 뭘까, 넘 궁금하지 않아? 엄마?"

어서 화제를 돌려서 나의 열세(劣勢)를 만회하고 싶었다. 그러자 다예가 저기서 자기 몸통만 한 박스 하나를 낑낑대며 들고 오는 것이다.

양쪽으로 그러니깐 왼쪽, 오른쪽 구멍이 두 개 뚫린 요상한 상자를.

게다가 무슨 그림과 글씨도 있는 듯했다.

"자, 엄마 선물!"

뒤집어보니 반대편에 사람의 등이 그려져 있고, 그 등을 양손으로 감싼 딱 '어부바' 하는 모양의 그림이었다. 그리고 보드 마커로 이렇게 써져 있었다.

'딸래미 등'

상자 속으로 머리를 넣고 양쪽 구멍에 팔을 하나씩 껴넣고 있으니 약간 로봇 모양 같긴 하지만 진짜로 딸래미 등에 업힌 모양새가 되어 그저 신기했다.

"우와, 대단한 걸! 기발하네! 우리 딸 천재다!"

신이 나서 엄마한테 다예가 만든 선물을 이리저리 보여주면서 자랑하니 엄마는 쓰윽 의미심장하게 웃으시면서 한마디 하신다.

"꼭 너 닮았다."

"뭐가? 이 상자가?"

"아니, 다예가 닮았어, 너를!"

거기서부터 내 어릴 적 이야기, 다예한테는 엄마의 어릴 적 이야기가 시작되었다.

"네가 지금 다예만 했을 때, 너도 틈만 나면 업어달라고 날 조르곤 했었어. 기억 안 나지?"

"당연히 기억 안 나지."

"할머니, 설마 엄마도 '등'을 선물했어요?"

옆에서 가만히 듣고 있던 다예가 재빨리 재촉해 물었다.

"맞아! 엄마도 할머니한테 '어부바'를 선물해줬었어!"

"에이, 말도 안 돼. '어부바'가 뭐 물건도 아니고 그걸 어떻게 선물할 수가 있어?"

나는 당최 믿기지가 않아 얼른 엄마의 말을 바로 되받아쳤다.

"그러니깐, 너도 다예처럼 독특했었어. 생각이!"

그러고는 엄마 방에서 작고 오래되어 보이는 반짇고리함을 들고 오시더니 뚜껑을 조심스레 여시는 것이다.

"이것 좀 봐 봐라, 내 딸, 그리고 내 딸의 딸아!"

작은 함 안에는 삐뚤빼뚤 오려진 종이인형이 두 개가 놓여 있었다. 그 종이인형은 여자 둘인데 한 명은 뽀글 파마를 해서 영락없이 엄마라는 게 딱 알아볼 수 있게 정면으로 그려져 있었지만, 나머지 하나는 사람의 뒷모습만 그려져 있었다. 귀여운 양 갈래 머리에 작은 등을 감싸는 더 작은 팔을 가진 종이인형에는 이렇게 씌어 있었다.

'내 등, 어부바'

내 등, 양옆에는 다예가 택배상자에 한 것처럼 엄마 종이인형이 업힐 수 있도록, 등 양쪽으로 세심하게 가위질을 해서 종이인형의 팔을 낄 수 있을 만한 조그마한 틈새 두 개도 앙증맞게 뚫려 있었다.

세상에!!!

우리 엄마는 너무 재미가 난다는 표정으로 말을 이어가셨다.

"그러니깐 다시 정리해서 이야기하자면, 다예 엄마는 이차원적으로 등을 만들어 할머니에게 '어부바'를 선물했고, 다예는 삼차원적으로 등을 만들어 엄마한테 '어부바'를 선물한 셈이 되는 것이지. 피는 못 속인다니깐, 하여튼."

나도, 다예도 모두 놀라서 입을 다물지 못하고 있을 때 우리 엄마는 한마디 덧붙이셨다.

"봐라! 너 닮은 딸 낳는다고 내가 그랬지?"

그렇네!!!

눈이 왕구슬만큼 동그랗게 커진 딸에게 나는 어서 이 말을 해야 할 것 같았다.

"너도, 꼭 너 같은 딸 낳아라."

다예는 나에게 그게 칭찬인지 아닌지 알려달라고 떼를 썼고, 그만 엄마와 나는 함박웃음을 터뜨렸다.

이것이 바로 나에게서 딸에게로 그대로 이어진, 또 내 딸의 딸에게로 다시 이어질지도 모르는 우리네 인생의 '어부바'가 아닐까.

가작
───

유응물

천년의 어부바

당신이 돌아가시고 생전에 당신이 매만지시던 옥상의 장독대에서 허리가 굵은 해주항아리가 내려오고 있었다. 항아리를 비스듬히 기울여 굴리듯이 천천히 계단을 내려오고 흙마당을 지나 대문을 나섰다. 마당에는 항아리가 굴러간 듯 굴렁쇠 자국 같고 뫼비우스 띠 같은 곡선이 드리웠다. 항아리는 재활용의 선물로 이웃에 사는 어머니 지인한테 돌아갔다. 나는 그 항아리를 비워낸 뒤에 어머니 당신의 체취를 맡듯 얼굴과 상체를 깊숙이 밀어 넣었다. 그리고 가만히 어머니, 하고 불러보았다. 항아리 안에서 은은하고 웅숭깊은 울림이 무슨 소리의 광배(光背)처럼 나를 그윽하게 감싸는 듯했다. 지상의 당신이 쓰시며 여러 해 동안 장류(醬類)를 담그고 발효시키고 익혀 반찬 양념과 찌개와 국으로 가족과 삼이웃에게 허기를 채우고 입맛을 돋우던 원천의 기명(器皿)이었다. 그 해주항아리가 이제 주인을 바꿔 어머니의 이웃 장독대로 이사를 간다. 묘한 슬픔이 햇빛에 반짝거렸다.

당신의 삶도 저러했을까. 율곡 이이가 자신의 어머니 신사임당의 사후 선비행장(先妣行狀)을 쓰듯 당신을 떠올릴 때마다 내 안에는 한 그루 나무가 그런 당신의 선비행장의 이미지로 도도록해진다. 그것은 사계절의 의연하고 듬쑥한 나무이지만 특히 여름날 수많은 매미가 매미 허물을 벗어놓고 올라가 우는 은행나무였다. 인류가 태어나기 이전부터 공룡시대에도 있었다는 은행나무는 그 멸종을 모르는 장수의 석탄나무이다. 그런 오래된 은행나무를 삼복의 더위 그늘에서 무연히 올려다본 적이 있다. 한 그루 은행나무의 중동과 줄기와 가지에 숱한 매미가 그렇게 많이 붙은 것에 순간 소름이 끼치도록 놀랐다. 무슨 울음이 나는 여름 한철의 다닥다닥 붙은 열매들만 같았다. 땅속에서 칠 년여를 칩거하며 굼벵이로 살던 매미 유충이 지상에 올라와 탈태를 하고 매미로 기어오른 은행나무였다. 짧게는 일주일에서 보름, 한 달여를 줄기차게 울어대며 교미와 번식의 기회를 엿보는 매미의 울음소리는 한낮뿐만 아니라 한밤중이나 새벽까지 그악스럽게 울어댄다. 그럼에도 수십에서 심지여 수백여 마리가 붙은 은행나무는 묵묵히 그 아우성을 받자 하니 한껏 품어주는 것만 같다. 뿌리에서 길어 올린 물과 양분을 매미에게 양식으로 빨리듯 공급하며 청정한 푸른 은행나무에서 눈부신 황금나무로 가을에 들어선다. 어느 날 교미를 끝낸 매미들이 하나둘씩 흙바닥에 떨어질 때면 은행나무는 어딘가 측은한 눈길로 매미들의 주검에 노란 은행잎을 떨궈주곤 한다. 그것은 옛 선대의 학자가 자신의 모친을 떠올리며 쓴 행장(行狀)처럼 내게 아로새겨지는 이미지로서의 선비행장에 버금간다.

당신은 세 자매의 장녀로서 둘째 셋째 여동생들의 학업을 위해 자신의 학업은 애초에 과감히 포기했다. 그렇게 시작한 인생의 초년기는 바이블과 성인 경전의 가르침과 결이 다른 생래적인 자기희생을 모종의 기쁨의 근간으로 삼는 성정이셨다. 즐거운 고통이라는 상투적인 표현이 허락된다면 그것은 처음부터 당신이 살아야 하는 자발적인 결단의 자연스러움에 가까웠다. 철저하게 동생들의 학업 성취와 뒷바라지를 위해 자신의 학업은 초등학교도 채 마치지 못했다. 그러한 당신은 까막눈이었다. 한글 문맹을 안 건 내가 중학교 때였던 것 같다. 그 사실을 알고 놀랐던 것은 사실이지만 부끄럽거나 창피하지는 않았다. 어머니의 희생은 두 장성한 여동생인 이모들을 학교 교사로 만들었기 때문이었다. 자신의 묵묵한 희생과 배려로 동생들의 미래를 그때 업어 키운 것만 같았다.

그런 당신은 성당에 다니셨는데 오 리(里)가 넘는 거리를 걸어 다니셨다. 무엇보다 신부님의 강론에만 의지하던 말씀에의 갈구를 위해 나는 한글을 가르쳐드렸다. 어머니의 한글은 누군가 쓰다 버린 대학노트에 몽당연필로 침을 발라가며 쓰고 익히는 고되지만 기쁨이 갈마드는 소박한 야학(夜學)인 셈이다. 그러면서도 당신은 오남매의 양육과 박봉의 남편을 위해 부업으로 경험도 없는 젖소 사육을 하다 실패하기도 했다. 젖이 안 나는 병든 소나 수소를 속아 사서 믿고 무조건 키운 것이었다. 그 후에는 양봉(養蜂)에 도전했다. 알음알음으로 배운 벌치기는 처음 한 통에서 분봉을 통해 열다섯 통 이상으로 키워 빈

한한 살림에 얼마간의 보탬이 되었다. 그 몇 년여 동안 벌통을 늘리고 관리하면서 당신은 수천 방은 넘게 벌침을 쏘였다. 벌침의 방석같이 된 몸으로 가정을 꾸려나가셨다. 우리 형제자매들은 큰 무리가 없었으나 수녀를 꿈꾸던 셋째 누이는 몹쓸 정신병을 얻어 착한 어머니를 정신적으로 육체적으로 괴롭혔다. 그럼에도 당신은 무던한 사랑의 버들눈썹을 한 번도 찡그리신 일이 없었다. 스트레스로 오백 원 동전만 한 원형탈모가 머리 전체에 분화구를 이룬 듯했지만 당신은 좋은 아카시아 꿀과 밤 꿀을 다 팔아서라도 누이의 정신을 온전히 회복하게 하려는 정신의학적인 치유의 노력을 다했다. 신새벽에 일어나 앉은뱅이책상에 촛불을 밝히고 초가 다 줄어들고 촛농만 바닥에 녹아 붙을 때까지 화살기도는 쉬 그치지 않았다. 그 몸은 여위어도 그 사랑의 속종은 고갈되지 않는 어떤 원천이 당신한테는 샘솟는 것만 같다. 어머니 등에 업힌 시간은 골고다의 시간이기보다는 아프고 버겁고 미령한 것들을 훤칠하게 키워내는 숙성과 숙련의 업힘이 있는 시간으로 늡늡했다.

어머니라는 영육(靈肉)의 해주항아리에 든 것들은 사람이든 이웃이든 하늘의 말씀이든 된장 고추장이나 간장이든 동티가 나고 그르칠 일이 없다. 비록 궁색한 기색이 없지 않았으나 그보다 넓고 웅숭깊은 자애와 희생의 복원력이랄까 사랑의 근육이 있었다. 모나고 강퍅한 심보들을 만나면 그 습습한 너름새는 똑같이 모나고 강퍅해지지 않고 오히려 그것들을 그윽이 당신의 등짝에 보이지 않는 눈물로 업어주었다. 거부하고 까탈을 부리고 할 마련도 없이 당신은 이미 '손이 큰 마음'으로 무명의 등을 내주고 있었다. 해주항아리의 내용물을 다 퍼주고 그 기명조차 막내아들에게 굴려서 이웃의 지인에게 바통 터치한다. 외물로는 가난한 당신은 그래도 손이 크다. 손이 큰 당신은 남녀를 불문하고 좀생이들의 질시와 환호를 받는 듯했다. 당신은 대가를 바라지 않았다. 퍼주듯이 건네는 당신의 나눔은 대단한 소유를 밑천으로 하는 것도 아니었고 대외적인 명성이나 목적을 염두에 둔 것도 아니었다. 그냥 바보같이 그렇게 해야 하는 것이라고 천성으로 받아들인 내어줌이니 처음엔 가난이 감돌았지만 나중엔 가난조차 그런 당신 곁에서 호기심 어린 듯 구경을 했다. 그리고 그다음엔 당신의 등에 업힌 가난이 형언할 수 없는 맑은 부유함을 자신 대신 그 등에 업혀주는 듯했다. 어머니가 칠십 평생 당신 등에 업은 것은 그 세속적인 품목과 대상이 한둘이 아니었다.

그러니 그 많은 짐을 별다른 내색 없이 묵묵히 등에 업고 지고 한 세월을 무던히도 견뎠던 당신은 큰 사랑의 역사(力士)다. 요즘은 꿈결에 아주 드물게 말없이 왔다 가시는 당신을 바라는 일도 한없이 눈물겹고 송구해서 그 늠늠한 은행나무를 바란다. 꿈에서라도 손을 내주시고 곁을 좀 더 곁을 내주셨으면 얼마나 좋을까 저절로 간절한 속종이 든다.

나는 무심코 거리나 공원이나 산길을 지나다가 왠지 눈에 띄는 나무를 만나면 무심코 가만히 끌어안는다. 나무와의 프리허그인 셈이다. 누가 보면 이상하거나 살짝 미친 것은 아닌가 여길 수도 있다. 어머니 당신 같은 나무가 눈에 띄면 저절로 그쪽으로 길을 벗어난다. 아내는 또 시작이다, 라며 미소로 지켜봐준다. 나무가 얼마나 그런 나의 포옹을 허락했는지 몰라도 나는 그런 나무를 깊고 그윽하게 끌어안으려 한다. 나무의 심장과 기운과 속종이 내 마음에 연결되고 내 심정도 그런 나무에 고이 전달되기를 바란다. 현세에 안 계시는 어머니를 대신하여 그런 어머니를 가만히 끌어안아 드리는 것이고 또 내 그리움의 등짝에 어부바해 드리고픈 내 방식대로의 어부바 형식 같은 것이다.

생전에 변변히 제대로 안아드리지도 못하고 더욱이 업어드리기 전에 사고와 병으로 병석에 누우셨다. 꿈에도 잘 보이지 않는 어머니를 오랜만에 만나면 내 등짝에 어머니의 지문이 남도록 꽃동산과 버드나무 살랑대는 호수나 강가를 업고 돌아다니고 싶다. 고생만 하시느라 제대로 보지 못한 이승의 풍경을 한 땀 한 땀 당신의 눈동자에 꽃 자수처럼 놓아드리고 싶다. 유난히 추위를 많이 타셨던 날림집에서 손이 자주 곱던 날을 상쇄하듯이 베트남도 좋고 캄보디아도 좋고 그 어느 동남아 나라에 모시고 가 이마와 콧등에 땀이 송글송글 맺히도록 더운 나라 코끼리 구경도 해드리고 싶다. 그 커다란 인도코끼리 등 위에 같이 올라 마냥 올려다만 보던 간원과 기도의 눈길도 좀 쉬시고 이젠 코끼리 등짝 아래 새뜻한 풍경의 아취를 굽어보게 하고 싶다. 그런 당신 곁에서 쥘부채를 부쳐드리며 낯선 나라의 낯선 음식을 이물 없이 드시게 하고 싶다. 이빨이 시원찮으셔서 틀니로 이십여 년을 사신 그 세월을 보상하듯 임플란트를 심어드리고 원하시는 고기를 푹 삶아 소스에 적셔 아, 그 입에 넣어드리고 싶다. 명품은 아니더라도 시장통을 지날 때마다 진솔의 옷과 신발과 브로치 같은 액세서리에 자꾸 눈이 가는 것은 생사가 갈린 이별조차 넘어서는 느꺼운 그리움이 돌올해서다. 세속의 평범한 사람들도 누렸을 일상조차 당신한테는 호사가 되는 일이 자식에게는 송구하고 슬퍼서 오늘은 조선소나무를 한 번 끌어안았다. 또 밟으면 쿠린내가 나는 은행알을 쏟아내는 저 황금의 은행나무의 전생 같은 여름날을 복기하듯 본다. 그 많은 매미들의 극성과 열망을 다 받아주며 숨탄것들을 키워주는 그 줄기며 가지며, 우듬지라는 등짝은 자비의 방편 같다.

그러고 보니 당신은 잘난 척하고 뽐내는 것들은 별로 빈말로라도 업어준 적이 별로 없는 것 같다. 속된 말로 안쓰럽고 천하고 갈취당하고 순정하게 속기 잘하는 계명워리, 혀짤배기, 난쟁이, 발김쟁이 같은 장삼이사들한테 그 가난한 등을 광야처럼 내주고 따뜻한 헛간처럼 업혀 있게 했다. 무엇이나 깃들 수 있는 횃대가 많은 나무처럼 순간순간 거둬주고 당신은 그들을 통해 듬쑥하고 그윽하게 살아났다. 영혼의 황금나무로 가난조차 외롭지 않게 눈이 부시게 안아주셨다.

꿈속에서건 사진을 바라보는 순간에서건 당신은 내 영혼의 눈동자엔 천년도 넘게 사랑의 어부바를 하고 있는 눈부처인 것이다. 살아서건 죽어서건 이제 당신은 그만 오지랖 넓히시고 내 등에 홀가분하게 업혀보세요. 내 등짝 너머로 제주 비취빛 바다도 보고 멀리 마라도 섬도 내다보세요. 어부바 엄마.

가작

이윤덕

등, 짝

'어부바 부리 부비바~ 사랑해요 어부바'

공허를 쪼개보려 부러 틀어놓은 방송에서 흥겨운 노랫가락이 흘러나온다.

소주 두 병을 비우고 해거름이 다 되어서야 수북한 꽁초를 남기고 그가 갔다. 보일러를 돌리지 않은 집은 햇살이 주는 수혜를 거두고 차가운 겨울밤을 품어 들인다. 아침 두드리는 문소리에 두건 하나 뒤집어쓰고 나가 마당 청소를 시작해 참을 빙자한 음주 방청까지, 꼬박 여덟 시간을 잔심부름으로 붙들려 있었다. 나의 현재는 빈집에 붙어살며 개 돌보는 여자이다. 얼마 전 공전의 히트를 친 〈기생충〉을 다큐로 보며 심정 복잡했던 게 나다.

만신창이로 상처받고 제주에 내려올 때는 반드시 재기해 돌아가리라는 희망을 분처럼 품고 있었다. 끊임없이 자신을 채찍하며 하루 몇백 킬로의 귤과 씨름하며 겨울을 보냈었다.

모든 걸 내려놓고야 처음으로 맞게 된 나른한 제주의 겨울, 나의 지위는 바닥이다. 급히 육지로 전출 가며 비어진 낡은 옛집에 붙어사는 대가는, 남겨진 두 마리 개의 밥을 주고 마당을 가득 메운 바나나 화분 돌보기이다.

거나하게 취해 자못 친절해진 그는 궁금했던 내 삶을 청해 듣고 뒤틀린 화두를 던져놓고 돌아갔다. 그것들이 흉측한 담배꽁초처럼 힘히 뒹굴며 놓고 지내던 상념을 자꾸만 재촉한다.

다시 한 번 귓전을 때리는 '어부바 부리부비바'.

노래 참 길다. 내 인생 잊지 못할 세 번의 어부바. 주인아저씨의 무례한 채근에 맥없이 털어놓은 채 여미지 못한 이야기 탓일까? 경쾌한 가락에도 '어부바' 세 단어는 시린 등짝에 아린 추억이 되어 내걸린다.

아버지는 수원에서 유명한 농아학교의 창립자이자 교장선생님이었다. 운보 김기창 선생과 같은 스승에게 배운 국선 화가이기도 했다. 프로필은 화려했지만 나이 많고 괴팍했던 아버지를 내내 부끄러워했던 것 같다. 늘 꽃밭에 주저앉아 화초를 가꾸고, 귀가 어두워 큰 소리로 말하던 모습은 상상 속 망태 할아버지와 싱크로율 100%였으니까.

6남매의 막내. 당시 학교 기숙사에 머물던 나이 많은 농아 언니 오빠들은 얼굴 옆에 양손을 펴 흔드는 수어(手語)로 나를 애기라고 칭했고, 거짓말 조금 보태어 그 왕국(?)에선 발에 땅이 닿을 일 없이 부둥부둥 자랐었다.

초등 아니 그 시절엔 국민이라 불리던 학교 시절, 삐걱거리는 철문을 밀고 들어서던 어느 하교 길, 난 그 자리에 멈춰서고 말았다. 아버지가 어린 학생 아이를 등에 업고 계셨는데 그 모습을 보고 왜 배신감을 느꼈는지는 잘 모르겠다. 농담처럼 아빠는 없고 아버지만 있다고 말하곤 했었는데. 다정이라곤 없었던 아버지. 난 한 번도 업어준 기억이 없는데 다른 아이를 등에 업은 모습이 부럽고 서러웠을까? 그날의 감정을 딱히 정의할 수는 없지만 마치 트라우마처럼 각인되어 오래도록 떠올려졌다. 그래서일까, 업히는 것에 대한 로망이 매우 깊었다. 폭신한 외투의 등에 폭 싸여 업히는 게 너무나 좋았다. 그리고 무수히 포근했던 등을 뒤로하고 내내 쌀쌀했던 등 하나가 거슬려 지분거리다 제 발등을 찍고 연극부 선배와 이른 결혼을 했다.

1995년, 어른보단 아이에 가까웠던 스물셋에 첫아이를 낳았다. 그즈음 아버지는 암 판정을 받았고 병간호에 엄마를 빼앗긴 산후는 시댁에서 해야만 했다. 몰래 빠져나가 학교 마당서 울며 보던 설운 추석달을 아직도 잊지 못한다.
젊은 엄마들은 아기 띠를 하던 시절이었는데, 왜였는지 고집스레 줄줄 흘러내리는 포대기를 추켜가며 첫 육아를 시작했다. 그리고 1997년, 아버지는 여름감기가 후유증이 되어 본인 생신날에 세상을 뜨셨다. 내게 두 번째 인생 어부바를 남겨주시고….

2년간 아버지의 암 투병은 내 기준 성공적이었다. 24년생으로 당시 이미 일흔이 넘은 고령이었기에 테스트급 신약을 투여 받으며 여행과 맛집 탐방으로 전에 없던 두 아들의 경쟁적 효도를 받으며 대부분의 시간을 보내셨고 나도 그 혜택을 누렸다. 둘째를 임신 중이었는데 과

일은 원 없이 먹었으니까. 욕심에 선택한 수술 후 급격히 약해지셨고 결국 감기에 무릎을 꿇으셨다.

아버지를 장지로 모시던 7월 18일, 그날의 1분 1초를 (아니 아이를 갖고 병원을 드나들던 모든 시간을) 후회한다.

아침부터 산기가 느껴졌지만 남편을 장지로 보냈다. 언제부터 그렇게 효녀였다고 만삭으로 마지막을 지키고 지치도록 울고도 장지에 가지 못하는 게 죄스러워 누구도 그 행렬에서 거둬 내 곁에 남겨두고 싶지 않았다. 떨어지지 않으려 하는 아이까지 맡아 집에 남아 있는데 예상대로 산통이 왔다. 결국 큰아이 손을 잡고 택시를 타고 병원으로 갔다. 혼자 내심 심청이 코스프레를 하며 뿌듯했던 듯도 싶다. 하지만 드라마에서처럼 훈훈한 병원 장면은 그려지지 않았다. 간호사는 소리를 높여 불친절을 때려 박았다.

"아니 보호자는 없다 치고 애는 어떻게 할 거예요?"

놀란 아이는 오줌까지 싸고……, 결국 근처 사는 친분만 겨우 있던 동창에게 사정해서 아이를 맡기고서야 분만실로 들어갈 수 있었다. 친구가 올 때까지 우는 아이에게 쏟아지는 눈치. 결국 오줌 싼 아이를 산통 중에 둘러업고 같이 울었다. 내 인생 두 번째 잊지 못할 어부바! 너무 미안해서 하루를 통으로 들어내고 싶은 그 철없던 난리 통의 어부바.

분만 직전 급히 달려온 식구들이 문을 열었다. 산통 중에 본 장지에서 온 그들은 흡사 저승사자 같았고 그 또한 후회의 한 페이지를 장식했다. 아버지가 돌아가시고 친정은 재산 싸움으로 풍비박산이 났다. 분에 자신을 놓아가는 엄마를 추스르느라 아쉬운 시간들을 흘려 보냈다. 도미한 작은 오빠가 남긴 선물. 건설업체에서 보낸 추심의 행패도 고스란히 내가 안았다. 작은 아이 등에 업은 채 듣던 험한 말…. 법원으로 또 강제 입원한 엄마를 꺼내려 외진 정신병원으로 미친 듯이 뛰어다니던 시간, 24개월도 못 채워 허락된 시간을 온전히 아이에게 쏟아붓지 못한 것이 사무치는 한으로 남는다.

1999년 엄마를 모시고 시골로 내려오고 결혼부터 한순간도 가정을 돌보지 않던 남편은 도움 주던 친정이 무너지자 집에 들어오지 않았다. 아이를 잃고 돈은 아무것도 아니라고 푸념하는 내게 신은 답을 짜릿하게 내렸다. 상상도 못해본 궁핍, 살아보겠다고 열심을 부리며 하루를 쪼개 살고 있었다. 그러다 너무 늦게 아이가 눈이 보이지 않게 된 걸 알았다. 순한 아이가 넘어가게 울던 밤. 응급실에 가서야 아이의 머릿속 그것이 감당 못하게 커져서 시력을 잃고 뇌압이 올라 고통을 주었다는 사실을 알았다. 왜 두 돌도 되지 않은 아이가 감추려 했던 걸까? 〈섬그늘〉 노래의 마지막을 한사코 부르지 못하게 했던 아이. 내 인생에 머물다간 천사의 잔상도 이제 많이 흐려졌다. 불행은 그렇게 폭풍처럼 휘몰아쳐 나를 삼켰다. 잊지 못할 세 번째 어부바를 남겨두고.

응급실, 상황이 인지되기 시작하니 세상이 조각나며 폐부를 쑤셔댔다. 아이는 등에 업혀서도 엄마 우냐고 걱정하며 물었다. 애가 끊어진다는 것이 무엇인지 장기들이 일장 연설을 늘어놓았다. 그 상황에 아이를 남겨두고 화장실을 찾는 내가 너무 한심했는데 나중에야 장이 뒤틀려 쥐어 짜였다는 걸 알았다.

그 봄 병원으로 들어가… 해가 부시던 어린이날을 기도에 매달려 보냈고, 여러 번의 수술 후 기적처럼 병동으로 돌아온 아이를 다시 업고 잠시 행복해 하기도 했었다. 느닷없이 나타나 퇴원을 종용하며 집안 망신이라고 조용히 죽으라던 시어머니의 행패. 지칠 대로 지친 몸과 영혼의 투지는 점차 옅어졌다. 그리고 두 살 생일을 목전에 둔, 낮이 지독히도 긴 하지에 아이를 떠나보냈다. 아이를 보내고 죄책감과 후회로 매일 밤 아이를 업고 도망치는 꿈을 꾸었다. 하지만 일상의 고충은 소멸된 것이 없었으므로 사자(死者)의 몰골을 하고도 법원을 오가며 아버지의 주검이 남겨둔 끝나지 않은 공격들을 처리해야 했다.

퀭하니 신호를 기다리고 서 있던 내게 '도'를 묻는 청년이 다가왔다. 분이라도 풀어내듯 그에게 물었다.

"그쪽 신은 내 아이를 돌려줄 수 있냐고?"

망설임 없이 즉답으로 티베트의 신은 어미가 간절히 원하면 그리해 준다고 했다. 20년이 더 지난 지금도 그 청년의 정체가 무엇인지 가늠을 할 수 없다. 그러나 그때만큼은 믿고 싶었다. 설픈 기대는 최악의 시나리오를 썼다. 그래서 아이의 장례에 친구들을 불러 시시덕거리고 그런 그들에게 나가달라 했다고 예의 없다 노하신(?) 시어머니에게 끌고 가서 사과를 시키는 남편이란 작자를, 목을 조르는 대신 유혹해 마지막 하룻밤을 보냈다. 그날 밤 높은 건물에 하얀 옷을 입은 아이를 훔쳐 내오는 꿈을 꾸었다. 더 이상 아픈 아이를 업고 뛰는 악몽을 꾸지 않게 되었고 또한 아이를 되찾았다.

뼈 깊은 후회로 아이를 찾았다면 좀 더 현명히 키워야 했지만 홀로 두 아이를 키우는 일은 녹록지 않았다. 호적에 남아 있는 아빠의 존재로 나라가 베푸는 어떠한 혜택도 받을 수 없었기에…. 큰언니마저 암으로 세상을 떠나고 2년 안에 부모 자식 형제를 잃은 고통도 살아내야 하는 현실 앞에서는 무뎌졌다. 참 치열하게 살았고 얕은 재주로 크게 성공도 해봤다. 그리고 높이 오른 만큼 믿었던 사람들에게 할퀴어 쓰라리게 추락해서 지금에 와 있다.

아무것도 곁에 남지 않은 지금, 세 아이도 앨범에만 남아 있다. 세상을 떠난 둘째 말고 나머지도 곁을 떠났다. 초등교사가 된 큰아이는 혹여 짐이 될까 염려가 되는지 연락조차 꺼린다. 세상 전부였던 아들 녀석도 뒤늦게야 저를 거둔 아비 눈치 보느라 연락을 삼간다. 다행일까? 19년을 붙들고 놓아주지 않던 남편은 여자가 생겨서 재작년 몸소 제주까지 와서 이혼을 해주었다. 위자료 한 푼 없이 치워지는 거냐고 몇 없는 지인들은 반대를 했지만 서른부터 꿈꾸던 해방이었다.

살아가는 것이 아니라 용기가 없어 연장해가는 하루 속에 느닷없이 커서가 깜박이며 인생 2부도 결제할 것인지 묻는다. 지난 몇 년 그저 하루를 내일이 끝일 것처럼 살아가면서 몇 분만 참으면 끝에 도달할 잘못 선택한 영화처럼 내 삶을 조망하고 있었다. 그런데 갑자기 인생 2부가 살아낸 분량의 러닝타임을 예고하며 훅 들어왔다. 살만해진 걸까? 무뎌졌던 감정도 스멀스멀 깨어나고… 당황스럽다. 그래서 봄을 파는 수치로 묻어두었던 내 사연을 넋두리처럼 적어본다.

그저 개보라고 집을 내어준 남자는, 왜 느닷없이 술상을 청해 마시고 내게 인생 2부를 계획하라 화두를 던진 것일까? 평소 새벽에 도달해 잔소리를 쏟아붓고 사라지던 그의 이상 행동이 마치 20년 전 길에서 만난 도를 묻던 청년의 그것처럼 기이하다.

때맞춰 반복하여 쏟아지는 노래, '어부바 부리부비바'.
이제 와서 파묻고 눈물을 감출 등을 내어줄 짝이라도 찾아야 하나?
'등, 짝이라~'
피식 실소를 뿜어본다. 수치보다 외로움의 깜냥이 큰 겨울밤, 날 밝으면 분명 후회할 묵은 추억을 동댕이쳐본다. 이젠 다시 오지 못할 것만 같은 나의 어부바를 애도하며.

가작

이지헌

어부바 잠언

하루하루가 가슴 쫄깃한 한때였다. 남편은 회사가 어려워 월급이 밀려 있었고 난 아이를 분만한 지 석 달쯤 됐을 때였다. 사랑 하나로 문제될 게 없던 신혼은 아이가 태어나자 모든 게 달라졌다. 월급통장은 벌써 바닥이 나고 마이너스 통장으로 하루하루를 버티고 있었다. 분유와 기저귀 값도 감당하기 버거웠다. 식당에서 아르바이트 자리라도 구하려 시댁에 아이를 맡기려고 갔는데 시아버지께서 한숨을 크게 쉬셨다.

"아버님, 무슨 일 있으세요?"

"보은에 사는 형님이 오늘 이사하는 모양인데 노인네가 어찌 이사하려는지 모르겠다. 옆 동네라 손수레로 조금씩 한다는데 그게 어디 쉽니? 돈 아끼려다 사람 다치면 큰일인데."

보은에 사시는 남편의 큰아버지는 팔순을 넘기신 분인데 자녀들과 왕래가 끊겨 어려운 중에 이번에 사시던 집을 팔고 옆 동네 폐가를 고쳐 들어가서 살려고 한다는 이야기였다. 아이를 맡기고 나오는 내 발걸음 이 무거웠다. 마침 남편한테 전화가 와서 자초지종을 얘기했더니 시간 을 낼 수 있다며 같이 가보자고 했다. 내 코가 석 자라 선뜻 내키지는 않았지만, 입동이 지난 추위에 두 분이 고생하실 걸 생각하니 마음이 급해졌다. 대충 일복을 챙겨 남편과 함께 보은으로 향했다. 차 안에서 우린 서로 아무 말도 없었다. 겨우 분유와 기저귀 살 돈밖에 없었지만 우린 마음이 뜨거웠다. 힘이 되어드려야 한다는 그 생각만 앞섰다.

큰아버지는 화등잔만큼 놀란 눈으로 우리를 맞았다. 벌써 두 노인네 가 짐을 옮기고 있었다. 남아 있는 짐을 우리 차로 몇 번 나르다 보니 이사가 거의 끝났다. 근데 짐만 옮겼을 뿐 그 폐가는 너무 형편없었다. 동네 분들의 도움으로 거의 공짜로 얻게 된 집이라고 하셨지만 버티고 서 있는 게 신기할 정도였다. 오랫동안 비어 있던 집이라 온전한 데가 한 군데도 없었다. 하루에 손볼 일이 아니었다. 남편은 오늘은 전기배 선과 도배를 하고 내일은 장판을 깔고 청소를 하자고 했다. 옥천에서 보은까지 와야 하는 일이었지만 연로한 두 분에게 맡기면 언제 끝날지 도 모를 양의 일이었다. 남편은 나를 보고 "우리가 마무리하자, 여보. 이제 겨울인데 더 미룰 수도 없잖아. 오늘은 같이 일하고 내일은 나만 와서 하면 될 것 같아." 남편은 나를 배려했지만 난 끝까지 같이할 생 각이었다. 먼저 안채에 있는 큰방 도배부터 하기로 했다. 큰아버지는 사랑방을 고쳐 불을 때고 머무르면서 안채를 고칠 생각이셨다. 우선 사랑채에 딸린 굴뚝이 깨져 있어 그것을 고쳐 따끈하게 방을 데웠다. 두 분을 좀 쉬게 하고 우린 읍내로 나왔다. 가지고 있던 돈을 탈탈 털 어 벽지와 장판을 샀다. 내일을 걱정하며 망설일 이유가 없었다.

남편과 나는 안방에 들어가 낡은 벽지를 뜯었다. 먼지 속에서 벽지를 다 뜯어내고 장판을 걷을 차례였다. 남편과 양쪽 끝을 잡고 장판을 들추었는데 깜짝 놀랄 일이 벌어졌다. 장판에 낡디낡은 만 원짜리 지폐가 덕지덕지 붙어 있는 거였다. 얼마나 오래되었는지 몇 장은 나달나달 닳아 쓸 수가 없었고 나머지를 세어보니 이십만 원이었다. 우린 서로를 번갈아보며 어리둥절하다가 바로 공범이 되었다. 점유자인 큰아버지께 알리지도 않았고 동네 사람들에게 물어 이전 주인을 찾지도 않았다. 돌아가신 분이라면 그 자제분을 찾아서라도 아니 유실물 습득으로 경찰서에 맡겨야 했지만 우린 그냥 눈짓 하나로 돈을 얼른 주머니에 넣었다. 아마도 하늘나라로 가신 그 옛날 노인이 장판 밑에 돈을 넣어두고 깜박 잊고 돌아가신 것 같았다. 다시 돌아오실 일 없는 저기 멀리 하늘에 계신 분이 빈 주머니를 보시고 좋은 일에 쓰라고 슬쩍 찔러둔 거라는 변호를 하며 돈을 챙겼다. 장판에 들러붙은 돈의 상태가 얇아서 조심조심 뜯었다. 뜻하지 않은 횡재에 일의 가속도가 붙었다. 남편은 그즈음 도배를 틈틈이 배우고 있어서 일하는 데 많은 보탬이 됐다. 옛날 집이라 벽이랑 천장이 울퉁불퉁해서 둘이서 하루 꼬박 걸려 겨우 도배를 끝낼 수 있었다. 우리가 힘들까 봐 큰아버지와 큰어머니는 연신 그만하라고 하셨다. 남은 일은 천천히 하면 된다며 우리들의 귀가를 서두르셨다. 남편은 대충 방을 정리하고 큰아버지의 손을 잡고 "큰아버지, 오늘은 여기까지 하고 내일 와서 마무리할게요. 마침 제가 요즘 회사 일이 한가해서 시간 낼 수 있어요. 걱정하지 마세요." 큰아버지는 눈시울을 붉히셨다. 옹이가 박힌 투박한 손으로 내 손도 꼭 잡아주셨다. 괜찮다며 웃어 보이면서.

돌아오는 차 안에서 남편은 옛날 큰아버지의 젊은 시절 얘기를 들려주었다. 지금의 모습과는 너무 다른 이야기였다. 자녀들의 왕래가 끊긴 노인들의 쓸쓸한 말년은 잎을 떨군 겨울 나목 같다는 생각이 들었다. 우린 방바닥에서 주운 돈을 어떻게 쓸 것인지 얘기했다. 남편은 지금 당장은 큰아버지께서 원래 살던 집을 파셨기 때문에 돈을 안 드려도 괜찮을 것 같다며 오늘 산 장판을 내일 조금 더 좋은 것으로 바꾸자고 했다. 우리가 가진 돈에 맞추다 보니 장판 두께가 마음에 들지 않은 모양이었다. 페인트도 사서 칠도 해야 할 것 같다며 우리가 할 수 있는 일이 더 늘어난 것에 좋아서 어쩔 줄 모르는 표정이었다. "얼른 돈을 주머니에 챙기던 그 남자 맞지?" 자꾸만 웃음이 비어져 나왔다. 온종일 도배를 하느라 힘들어서인지 잠을 달게 잤다.

다음 날 우린 일어나자마자 아이를 맡기고 보은으로 향했다. 한달음에 달려 나오신 큰아버지는 우리를 기다린 눈치셨다. 도배한 방에 들어가니 벽지가 잘 말라 새 방 냄새가 났다. 큰어머니는 신혼방 같다며 쑥스러워하셨다. 읍내에 나가서 도톰한 장판으로 바꾸고 페인트도 새로 샀다. 바꿔온 새 장판을 깔고 보니 마법을 부린 듯 방안이 산뜻해졌다. 다음으로 칠이 희끗희끗 벗겨진 대문을 파란색 페인트로 예쁘게 칠했다. 일을 끝내고 보니 귀신 나올 것 같던 폐가가 아담하고 예쁜 시골집으로 환골탈태했다. 남편과 나는 쓰레기를 치우고 도린결까지 말끔하게 단장을 했다. 역시 집은 사람의 손이 닿아야 빛을 내는 것 같다. 쓸고 닦으니 문고리며 마루며 누군가의 손길이 머물다 간 흔적들이 곳곳에 묻어 있었다. 그곳에 얹힐 두 분의 흔적이 오래오래 남겨지길 염원하며 마루를 박박 닦았다. 큰아버지는 뭐가 그리 좋으신지 연신 벙싯거리며 우리들의 뒤를 졸졸 따르셨다. 일을 끝내고 큰아버지 내외를 모시고 읍내로 저녁을 먹으러 나갔다. 따끈한 국밥을 어찌나 맛나게 드시던지. 큰어머니는 자꾸 고기를 내 국에 더시며 많이 먹으라며 등을 두드리셨다. 당신들의 노후를 위해 살던 집을 값을 잘 받고 팔았다고 했다. 그 돈은 이자 많이 주는 신협에 꼭 넣어뒀다고도 했다. 추운 날 와서 너무 고생했다며 큰아버지는 또 눈물을 보이셨다. 남편은 정육점에 들러 소고기를 샀다. 우리 돈은 아니었지만 사드릴 수 있어서 행복했다. 큰어머니는 작년에 담은 묵은지를 싸 주셨다. 두 분은 우리 차가 안 보일 때까지 그대로 서서 손을 흔드셨다. 오는 내내 큰일을 잘 치렀다는 뿌듯함에 피곤한데도 새로운 기운이 막 솟았다. 남은 돈으로 마트에 들러 분유와 기저귀를 샀다.

"우리가 가진 것을 조금 베풀었더니 배가 되어 돌아왔네, 참 신기한 일이야."

남편과 나는 마주보며 웃었다. 지금도 너덜너덜해진 한 장의 지폐를 코팅해서 기념으로 가지고 있다. 우린 그 돈을 볼 때마다 그날을 떠올린다. 그건 어부바가 필요한 누군가에게 기꺼이 등을 내어주라는 잠언이다. 내가 가진 것, 내가 지금 할 수 있는 것을 어부바가 필요한 사람에게 나눈다면 각박한 세상도 따뜻한 온기로 물들 수 있다. 우린 부모님의 어부바 사랑으로 지금의 삶을 누리고 있다. 내리사랑은 있어도 치사랑은 없다는 말이 만연한 시대다. 어부바는 어린아이들에게만 필요한 것이 아니다. 늙고 병들어 외로운 어른들을 향해 등을 내미는 것은 당연한 일이다. 걸음마를 뗀 아이가 어부바가 필요한지 포대기를 끌며 업어달라고 손을 벌린다. 엄마의 뒤통수만 보이는 어부바는 겉으로 보기에 아이가 짐처럼 보일 수 있다. 하지만 아이는 심장을 엄마에게 붙이고 금세 새근새근 잠이 든다. 어부바는 심장을 맞추는 몸짓이다.

큰어머니는 여름이면 묵은지를 주셨다. 어른들은 신김치보다 겉절이를 좋아하셔서 겉절이를 담아 드리고 남편이 좋아하는 묵은지를 가져왔다. 남편은 김치찌개를 먹다 말고 밥숟가락을 놓더니 전화를 한다.

"김치에 뭘 넣어서 이렇게 맛있어요? 큰어머니 김치가 너무 맛있어서 돼지 됐어요."

전화기 너머로 호호 웃으시는 소리가 들린다. 금방 또 찌개를 게걸스럽게 먹는 남편을 보며 별거 아닌 일로 전화할 거리를 만드는 짓이 얄밉게 예쁘다.

계절이 바뀔 때마다 큰아버지 집에 들러 손볼 곳은 없는지 살펴드린다. 큰아버지는 두고두고 시아버지와 전화기를 붙들고 우리를 칭찬하신다. 어른들의 칭찬은 기도다. 우리를 위해 안녕을 비는 간절함이고 마음을 다한 축복이다. 남편의 밀린 월급이 한꺼번에 나왔고 회사는 위기를 극복하고 안정을 되찾았다. 우리도 그때 누군가의 어부바가 필요한 시기였다. 잠시 누군가에게 업히고 싶을 때가 있다. 심장이 따뜻하게 닿아 맞드는 마음이 전해지면 다시 힘을 얻어 가뿐히 등에서 내려 걸어갈 수 있다. 업혀 본 사람은 안다. 지금 누구를 업어줘야 하는지…. 마침 우리들의 작은 힘으로 어른들을 업어드릴 수 있었고 우리도 같이 힘을 얻는 계기가 되었다. 무관심이 사람을 더 늙게 만드는 법이다. 젊은 기운으로 한 번씩 업어드리면 그 여운으로 남은 생을 버티시는 게 어른들이다. 성경에도 '백발 앞에 일어서라'라는 말이 있다. 시대적으로 전쟁과 궁핍의 세월을 견뎌 오신 분들이다. 우리들의 넓은 등을 기꺼이 대 주어야 한다. 자녀들도 자연스럽게 보고 배우면 어부바는 계속 이어질 것이다.

"큰아버지 저 왔어요."

일부러 쩌렁쩌렁한 목소리로 남편이 파란 대문을 밀고 들어선다. 어른들의 얼굴이 환해지신다.

가작
이현진

한마디

말이다. 나에게 가장 크고 강한 등은 말. 말이 한다. 날 업는 일. 쉽다. 그리고 그만큼 날 떨어뜨리는 일 또한 쉽다. 말이 날 거두고 말이 날 떨군다. 한마디, 한마디가 날 키웠다. 지금의 나를.

나를 출발선에 세운 말. 새가 되어 꿈의 씨를 내게 물어다 준 말들.
"너 글 잘 쓴다."
"작가이신가요?"
"글솜씨가 보통이 아니시네요."
"시인 같다."
결국, 난… 씨를 심었고…. 본격적으로 습작을 하고 들은 말.
"감각과 재능이 있어요."

"올리신 시 기쁨으로 읽고 있어요."

"표현하는 능력이 대단하다."

"너 참 잘한다."

"어떻게 이런 생각을 해?"

"어떻게 이런 표현을 해?"

"글 잘 쓰세요."

"글이 너무 좋대."

"또 써주면 좋겠대."

말, 말들. 한마디, 한마디들. 이것들은… 그냥 말이 아니었다. 아니 며… 살이었다. 구석구석 어떻게 알고 마음의 빈 곳에 찾아든 살. 또 달이었고…. 마음 둘 곳 없이 까만 밤, 힘겨운 발걸음과 서러운 고 갯짓 끝에 끝내 시선이 닿은 달. 육체의 나는 물론이고 그 안에 깃든 진짜 나를 비치기에 넘치도록 넉넉한 달.

때론 날이었다. 나의 날. 온전한 나의 하루. 그리고 말이었다. 땅에서 버터처럼 녹아갈 듯 오로지 눈물뿐이며 나를 이루는 물질 또한 다를 바 없다 느껴질 때조차도 나를 가뿐히 들어 앉혔고 대신 다리가 되어 달려줬다. 그 말은.

씨를 물어다 준 새와 같은 말은 나를 번쩍 안았다. 그리고 난 그 씨를 심었다. '작가'라는 꿈을 거두었다. 그리고 후에 습작을 하며 들어온 말은 넓은 등이 되어 날 업은 것.

하지만 여러 번의 도전 끝, 실패와 무응답의 결과 앞에서는 그 말의 힘…. 바람이 갖고 노는 모래처럼 스르르 자취를 감춰버리거나 바람 의 장난에 내 뺨을 스쳐 난 아픈 볼을 어루만지며 따가운 눈물을 흘려야 했다. 난 다시 등에서 내려와 무거운 걸음을 놓아야 했다.

하지만 제법 의연했다. 나는. 사실 그런 척했다.

장녀여서? 그게 이유였을까? 아니면, 엄한 아빠의 영향? 아니면 타고난 성정(性情) 때문에? 어느 이유에서든, 아니면 이 모두의 영향이든…. 좀처럼 내색을 안 하며 살던 나. 괜찮은 척, 아무렇지 않은 척은 내가 참 잘하는 것이었다. 나도 모르게 나의 전문 분야가 되어가고 있었다. 원치는 않았지만….

게다가 힘 하나 되지 않던 한마디. 내가 나 자신에게 허락한 유일한 말. 실은, 들을수록 힘이 점점 떨어졌던 말.

'괜찮아.'

하지만 발표일에 내게 꼭 필요한 약이었다. 발표 글 앞에서 속으로 눈물을 먹고 또 먹어 느끼는 불편한 포만감에 딱 맞는 소화제. 그날 나에게 딱 맞는 처방이었다.

'괜찮아.'

하나, 차마 목소리로는 낼 수 없었던 말. 아무리 익숙하게 해왔던 말이라 해도, 내심 괜찮지 않은 걸 잘 알고 있었기 때문이었을까. "괜찮아" 하고 말한다면, 그러면… 나, 정말 나 자신에게 몹쓸 짓을 하는 거였기에… 차마 목소리로는 들을 수 없던 말.

하지만 너무도 아무렇지 않게 해왔고 계속 쌓였던 말. 그래서 자신을 속이는 일이 어쩌면 가능한 일인지도 모른다는 생각까지 들 만큼 능숙하게 해왔던 말.

하여, 오랫동안 가져왔던 꿈, 작가의 꿈까지 누르고 눌러서 흙을 덮고 그 위에 벽돌까지 쌓아 올렸으며 그 주변을 둘러서 담까지 세웠다. 그 말로…. 그러고도 그 말은 쉰 적이 없었다. 끊임없이 했고 끊임없이 들었다.

꿈을 꼭 이루고 싶었지만…. 계속되는 낙선, 무응답은 곧 날 쓰러뜨릴 듯했다. 결과 발표일, 컴퓨터 앞에 앉아 지치는 것도 상처를 받는 것도 애써 아무렇지 않은 듯 웃어넘기는 것도 더 이상은 견딜 수 없었기에… 내 손 밖의 일이었기에….

철저하다고 생각했었다. 안심이었다. 더 촘촘한 방어는 없다고 생각했었다. 그냥 그렇게 믿었다. 그게 편했다.

왜냐하면 아무것도 하지 않으니 아무 상처도 없었을 거라 생각했었고 역시 그랬듯 괜찮다고 스스로를 부축했고, 그 기계적인 다독임에 진짜로 괜찮은 듯했기에…. 하지만 왠지 마음 한곳이 매일 1㎜씩 파이는 기분이었다. 파인 그 자리엔 바람이 머물러 추웠고 잊을 만하면 다음 날 같은 자리가 또 찢겨 아프기도 참 아팠다.

하지만 꿈은 나에게 그렇게 쉽게 굴복하지 않았다. 과연, 꿈다웠다.

아침이면 잠시 잊는 듯하지만 밤이 되면 어김없이 뜨는 달처럼 나만의 밤에 내 꿈은 늘 떴다. 하여, 난 다시 목이 말랐다.

가끔 뜻 모를 시림에 이유 모를 눈물이 그 달 옆에 하나둘 떴다. 하지만 숱하게 흘려보냈다. 그러다가 견딜 수 없이 속이 뜨거워진 어느 날 작정하고 살펴봤다. 알 수 있었다. 사실, 이미 알고 왔었는지도….

그건… 미련이었다. 그리고 열망이었다. 그리고 나를 넓고 강한 등에서 떨군 거짓말이었다. 내가 나에게 부린 심술. 아니면, 마술?

'괜찮아.'

아닌 걸 알면서도 나에게 해왔던 거짓말. 처음부터 갇힐 말임을 내심 알았던 거였을까. 차마 목소리로도 낼 수 없어 작은따옴표에 갇혀 있

던 말. 애써서라도 떨구고 떨쳐야 했던 말. 실은, 아니었으니까. 괜찮
지 않았으니까.

2020년 이전, 난 아마 코로나19를 겪은 것인지도…. 그 당시 투명 마
스크는 코, 입만이 아닌 시야, 아니, 그를 넘어서 맘도 막았으니까….
'괜찮아'라는 거짓말, 그 투명 마스크.
참을 수 없었다. 깨달은 이상 더는 그렇게 날 놔둘 순 없었다. 아무것
도 안 하는 일은 내가 지을 수 있는 가장 큰 죄였고 내가 나에게 가할
수 있는 가장 큰 폭력이었으므로. 알았기에, 깨달았기에….
하여, 움직였다. 그리고 아니면, 그래서 필요했다. 마스크를 뚫고 나
올 기적 같은 힘. 꿈을 향한 나의 노력과 더불어, 내 고단한 걸음을 잠
시 쉬게 하면서도 길을 끊지 않을 등이. 한마디, 한마디들이.

우선, 그림동화 공모전 준비로 난 나를 달랬다. 그림을 그리며 새벽을
맞이했지만 피곤함보다는 뿌듯함이 컸다. 그러던 중 일터에서 만난 동
료분께 우연히 내 그림을 보여드리며 조심스레 내 꿈을 말씀드렸다.
"꼭 이루실 거예요."
순간, 난 들렸다. 걸음이 가벼워졌다. 그 한마디는 참 쉽게도 오래전
내가 안김과 들림을 받을 때로 날 다시 데려다주었다. 게다가 '괜찮아'
라는 나의 말, 날선 칼을 그 보름달은…. 쉽게도 후, 불어 꺼뜨렸다.
그제야 진짜 괜찮기 시작했다. 그분의 그 한마디, 그 말을 내 전체를
운행할 마음에, 실질적으로 글을 쓰고 그림을 그릴 내 손에 흐트러짐
없이 장착하고 꿈을 향해 꼿꼿이 섰다. 그리고 걸었다.
그리고… 수상(受賞). 금상. 이 소식을 머뭇거림 없이 그분께 알렸다.

"될 줄 알았어요."

앞서, 양쪽 팔을 잡아 날 들어 내 걸음의 무게를 덜어준 말에, 또 말…. 넓고 포근한 등이 되어 나를 업고 걷는다. 아니, 달리기도 한다. 말[馬]보다 더 센 말[言]이.

난 다시 업혔다. 등(燈)에. 말은 빛을 불렀고, 아니, 그를 넘어 빛이 되었고, 그 빛, 날 떠나지 않고 늘 날 돌보는 덕에….

그리고 얼마 전이었다. 그분은 나에게 속상한 얘기를 털어놓으셨고 난 마음을 다해 들어줬다. 얘기가 끝날 무렵, 그분께서 나에게 하신 말씀.

"상담가도 하세요. 저 매일 찾아갈 거예요."

소망이 생겼다. 언젠가 등에서 내려 등(燈)이 되고 싶은 소망. 그분의 말, 그 선하고 힘이 센 한마디에….

어쩔 땐 힘이 센 팔이 되기도, 어쩔 땐 힘이 센 등이 되기도 해 잠시 나의 걸음이 되어주었던…. 한마디, 한마디를 떠올리며 나도 누군가에게 등이, 등(燈)이 되기를 소망한다.

결국, 힘센 등은 한마디이다. 등이며 등(燈).

한마디. 당신의 한마디. 나의 한마디.

결국, 우리의 한마디.

가작

최경천

까망 하늘에 그리는 별

내 컴퓨터 내 '문서'에는 '나의 문학방'이라 이름 지은 폴더가 있다. 얼김에 지어 모은 시와 생활 수필이 소복 쌓인 보물창고이다. 지금 막 이틀에 걸쳐 다듬고 빗겨 '시몽(詩夢)'이라 제목을 붙인 시 한 수를 시 바구니 '노적가리' 맨 꼭대기에 올렸다. 가끔은 일필휘지로 더러는 마음속 꽃말들을 헤집어 겨우 찾은 시어로 치장한 시를 한 편 두 편 올리다 보니 368수나 모였다. 옆방 수필 바구니 문도 열어보았다. 51편의 생활 수필들이 반짝거린다. Alt 키와 F4를 함께 눌러 보물창고 문을 닫는다. 놀부네 곡간 마냥 들여다보기만 해도 마음이 불룩 불러온다. 그럴 때마다 그녀의 16세 마지막 보았던 앳된 얼굴이 웃고 있었다.

난 1급 시각장애인이다. 2009년 12월 머릿속 물혹을 제거하던 중 시

신경 손상을 입었다. 아기 개똥벌레 한 마리 날지 않는 내 하늘이 개탄스럽고 날 질식시킬 것처럼 숨을 조여왔다. 아파트 21층 베란다 창문을 열어두고 까망 하늘 너머를 기웃거리다 콘크리트 바닥에 주저앉고 말았다. 그 길지 않았던 순간 '이렇게 살아서 뭐할라구?'에서 '마흔아홉 살 내 나이도 못 먹어보고 죽은 이가 얼마냐? 남은 생은 덤으로 여기고 한번 살아내 보자!'로 마음을 바꾸었다. 주저함은 길지 않았다. 114 안내로 전화를 걸었다.

"여보세요? 난 얼마 전 실명을 한 사람인데 도움을 받을 수 있는 곳 전화번호를 부탁합니다."

이제 막 움튼 외떡잎 같은 삶의 의지가 집에서 멀지 않은 곳에 있던 '실로암 시각장애인 복지관'을 찾아냈다. 2010년 8월 병원에서 퇴원한 지 약 8개월여 만에 어머니 팔을 붙잡고 서툰 첫 나들이를 했다. 온 세상 사람들이 모두 나만 쳐다보는 것 같아 고개를 떨구고 걸었다. '지하철 봉천역 4번 출구' 일러주신 복지관 위치를 머릿속으로 되뇌며 찾아갔다. 담당 직원의 친절한 안내로 기초 재활 프로그램 참여 상담을 받는 중이었다. 분명 당신도 나와 같은 1급 시각장애인이라고 했다. 그런데 컴퓨터 키보드 치는 속도가 내 말을 앞지른다.

"정말 전혀 보지 못하는 시각장애인 맞나요?"

"예. 최 선생님께서도 기초 재활 마치고 조금만 배우시면 다 할 수 있는 것 중 한 가지입니다."

저렇게 익숙하게 컴퓨터 자판을 다루는 내 모습을 상상하고 있었다.

"예. 저도 한번 열심히 배워볼게요."

같은 처지의 중도 실명인 8명이 한 공간에 모였다. 우리들은 시각장애인으로 살아가야 할 기초적인 공부를 시작했다. 점자를 배웠다. 재미있었다. 라면, 달걀프라이 정도 기초 요리도 배웠다. 할 만했다. 단지 가장 힘들고 인정하기 싫었던 것이 하나 있었다. 처음으로 흰 지팡이를 들고 길을 걸어보는 독립 보행 교육이었다. '이걸 한 번 들어버리면 영영 시각장애인으로 살아야 하는 것 아닐까?' 금세 다시 앞을 보게 되리라는 하얀 신념에 혹여 부정이라도 탈까 싶어 거부했었다. 흰 지팡이를 잡으라고 종용하는 젊은 강사의 악다구니에도 쉬 손이 가 닿질 않았다. 뱀 꼬리를 추켜든 것처럼 징그럽고 싫었다. 그러나 결국 잡지 않을 수 없었다. 처음 들고 혼자 더듬거리며 소리 없이 울었던 그때가 어제 일처럼 또렷하다. 그 눈물 젖은 발걸음은 내 마음속 실눈이 생기는 첫걸음이었다. 기초 재활 과정이 거의 끝나가던 어느 날 내 옆자리 이 아무개 씨가 정말 아픈 질문을 뜬금없이 해왔다.

"최 형! 최 형은 대학교 어디 나왔어?"

마렵지 않던 소변이 갑자기 급해졌다.

"대학교 못 나왔는데요."

얼른 자리를 떴다. 너무 아픈 질문이 다음 차례를 기다리고 있기 때문이었다. 소나기를 피하듯 화장실 변기에 잠시 앉았다. 옛 기억이 떠올랐다.

"고등학교는 뭐 할라고? 이름자 쓸 줄 알고 덧셈 뺄셈 할 줄 알면 세상 사는 데 별문제 없더라. 너도 돈벌이를 해야 우리 이 많은 식구들이 먹고 살재!"

변기에 시린 기억을 털어 넣어버리고 물을 내렸다. 내 자리로 돌아왔다.

"그럼 고등학교는?"

마치 중죄라도 지은 사람처럼 움츠러들며 말을 깔았다.

"고등학교도…."

그 말을 흘리면서 강한 결심 하나가 어금니 사이에 우드득 깨물렸다. '내가 이놈의 고등학교 이번 참에 꼭 나오고 말 테다!'

2011년 1월 노원 시각장애인 복지관을 찾아갔다. 그로부터 3개월 후 그동안 가슴속에 웅크린 내 인생 최대 콤플렉스였던 중졸 학력의 묵은 꼬리표를 대입 검정고시 합격으로 떼어내 버렸다. 그리고 2013년 2월 대한안마사협회 안마수련원 2년 과정을 수료하여 안마사가 되었고 2년 동안 줄기차게 매달렸던 한방 공부 덕분에 맹인침사협회 회원도 되었다. 그리고 그해 9월 관악구 행운동에 '생기팔팔 침술 지압원'을 개원하였다.

시간은 내가 보든 말든 빨리도 지나갔다. 그렇게 2016년 초여름에 와 있었다. 그사이 뚜렷한 목적 없는 꿈이 그저 한풀이로 부풀더니 서울 사이버대학교 복지시설 경영학과 3학년이 되어 있었다. 어느새 나도 첫 나들이에서 맞아주셨던 실로암 시각장애인 복지관 그 직원처럼 글 쇠가 내 열 손가락 끝에서 줄줄이 문장이 되고 있었다. 노인복지 과목 리포트 과제를 별 어려움 없이 해치웠더니 예약 손님이 뜸한 긴 짬이 생겼다. 이제 까망 나의 하늘에 별 하나 그려볼 여유가 생긴 걸까? 여태껏 한 번도 써본 적 없었던 어설픈 시 한 수를 써두고 방향키를 위아래로 눌러가며 '더 멋진 시어가 없을까?' 고민하며 썼다 지우고 다시 써보고…. 그렇게 시를 다듬고 있었다. 휴대폰 진동이 책상을 간질인다. 폴더를 펼쳐 귀에다 붙였다.

"여보세요? 너 최경천 맞지? 나 아라인데 나 기억하것냐?"

중학교 졸업 이후 한 번도 만나보거나 전화 한 통도 해본 일 없었던 동창 아라가 전화를 걸어온 것이었다.

"응? 경천이 니가 실명을 했다는 소식을 최근에 우연히 들었어. 그래 지금 지낼 만한 거니?"

서울 온 김에 한 번 보고 싶다는 얘기였다. 거의 침술 안마원 근처에 도착해서 한 전화였던 모양이다. 금세 출입문 귀퉁이에 달아둔 워낭이 유달리 맑은 소리를 흩뿌린다.

"경천아! 반갑다! 나 아라야!"

잡아준 손을 타고 친구의 따뜻한 마음이 전해왔다. 보이지 않는 허공에다 너스레를 떨었다.

"아, 그래! 아라야! 반갑다! 우리 얼마 만이냐? 넌 지금도 열여섯 소녀 때같이 여전히 젊고 예쁘구나!"

이런저런 대화가 오가다 말거리 밑천이 드러날 쯤이었다. 우연히 컴퓨터 화면에 남아 있던 자작시를 아라가 보았는지 "야아? 경천아! 너 시 정말 잘 쓴다아~" 하는 것이었다.

그때부터였다. '내가 정말 시를 잘 쓴단 말일까?' 그저 겉치레 칭찬이라고 여겼던 아라의 한마디 말의 생명력을 한참 후에야 알게 되었다. 그 말이 내 메마른 마음 섶 위에 톡 떨어진 부싯돌이었다는 것을. 칭찬은 고래도 춤추게 한다고 했던가. 이순(耳順)이 손 뻗으면 닿을 곳에 와 있는 내가 아라의 그 칭찬으로 5년이 지나도록 긴 춤을 추고 있다.

'우와! 이 시는 노랫말로 써도 아름답겠는걸!' 그녀의 칭찬에 날개가 달리더니 2020년 3월 '한빛맹학교 음악 전공과' 1학년 반에다 나의 꿈을 떨궈주었다. 전문 음악 공부를 해서 보물창고에 쌓아둔 시들 하나하나마다 어울리는 음표와 쉼표를 달아주고 싶었던 욕심이 색소폰과

작곡을 전공하도록 채근하였다. 벌써 학년말 시험이 다음 주로 성큼 다가왔다.

어제 도착한, 내 마음 들뜨게 하는 이메일이 있다. 성북 시각장애인 복지관 별바라기 문예창작반을 비대면으로 지도해주시는 이○○ 교수님께서 내 시에 대한 평을 정성스레 써 보내주셨는데, 시평 말미에 다 써주신 한 줄 글에 마음 설레는 겨울을 맞게 된 것이다.

"최경천 님의 시가 정말 좋아졌습니다. 이번 겨울에는 시집 한 권 내 보시는 것 어떨까요?"

이 교수님의 칭찬은 또 나를 어디까지 날아오르게 하려나, 기대와 설렘이 그날처럼 다시 차 오르기에 시집 제목부터 그린다.

까망 하늘에 그리는 별.

가작

최광식

아빠, 나 호적 옮겨도 돼?

어느 봄날 처제가 불쑥 찾아왔다. 한동안 가족과 연락이 없어 잊고 지
냈었는데 반가운 얼굴이었다. 그러나 갑자기 찾아온 모습에서 알 수
없는 불길한 예감이 들었다. 그때가 갓 스무 살이 넘은 미혼인 처제의
배가 남산만 하게 불러 있었기 때문이다. 그날 저녁 지난 몇 년간의
일들을 눈물로 하소연하듯 들려주었다. 울먹이며 도움을 부탁한 그
모습이 가엽기도 하고 안쓰러워 눈물이 났다. 도와주겠다는 약속을
하고 살고 있는 집으로 돌려보냈다. 직접 사는 모습이 보고 싶었다.

몇 개월 후 제주도에 있는 집을 찾았다. 그 지역은 흑돼지를 사육하
는 규모가 큰 양돈 단지였다. 살고 있는 집도 양돈장으로 사장의 배려
로 일을 하며 기거하고 있었다. 처제의 사는 모습에 눈물을 주체할 수

없었다. 도저히 사람이 살 수 없는 열악한 환경이었다. 5,000여 마리의 돼지가 사육되고 있었으며, 하루 종일 꿀꿀대는 돼지들의 합창 소리로 인한 소음과 똥 냄새가 진동했다. 우글거리는 파리 떼, 분주하게 오가며 일하는 인부들 때문에 정신이 없었다. 처제가 출산을 한 지 50여 일이 지났다. 모기장 안 요람에 아이가 보였다. 배가 고픈지 보채며 자지러지게 울어대었다. 아기 돌볼 시간도 없이 일하는 부부의 모습이 애처로웠다.

그날 저녁 양돈장에서 하루 밤을 처제 부부와 함께 지냈다. 동서가 될 사람은 부산이 집이며 처제를 만난 후 살기 위해서 도망치듯 제주도로 이사를 했다고 한다. 기억하고 싶지 않은 과거의 삶을 청산하고, 새 삶을 살기 위해서란다. 무일푼으로 넘어와 무언가 해야 했으며, 그리고 양돈장에서 일한 지 1년이 되었다고 한다. 경제적으로 매우 어려웠으며, 아이 키우는 것조차 버거워 보였다. 당장 분유 살 돈도 없다고 했다. 잘 사는 처제의 모습을 기대했었는데, 가슴이 짠하니 미어졌다. 과거를 잊고 새 삶을 살려는 젊은 부부를 위해 뭔가 도움을 주고 싶었다. 그중 하나가 아이를 키워주는 것이라 생각했다.

아이를 키워주는 문제와 장인 장모님께 모든 사실을 알리고 이해를 구하는 일들을 하나하나 진행했다. 처음 예상했던 대로 장인어른의 분노는 대단했다. 당장 처제를 데려오라고 난리였다. 쉽게 생각하지는 않았다. 좀 더 시간이 필요해 보였다. 애를 키워주겠다는 계획을 장인 장모님께 알렸는데, 이 방법이 통했다. 키울 수 있겠냐는 염려와 격려를 아끼지 않았다. 이게 부모의 사랑인 것 같다. 당시 우리 부부는 늦둥이를 가지려고 했다. 그러나 아내가 임신을 할 수 없는 상태여서 아쉬움이 있었던 터였다. 처제 아이를 늦둥이 대신하여 키우고 싶은 나의 바람과 아내가 적극 찬성하여 갓 100일도 지나지 않은 아이를 우리의 품에 안았다. 이렇게 우리 부부와 형언이의 인연은 시작되었다.

다섯 살까지 사랑과 정성스런 보살핌으로 아무런 탈 없이 잘 자라주었다. 모두들 똘똘이라 불렀다. 가족이 되어 있었고 형언이도 우리를 엄마, 아빠라 불렀다. 세월이 흘러 처제 부부도 경제적으로 안정을 찾았다. 결혼식도 올렸다. 좋은 회사로 옮겨 현장 관리책임자로 일하고 있었다. 그해에 아이를 자신들이 키우고 싶다는 처제부부의 간절한 마음을 전해왔다. 아쉬움은 있었지만 아이의 장래를 위하여 떠나보내기로 했다. 떠나보내는 날 우리의 곁을 떠나기 싫어 발버둥을 치던 형언이 모습은 차마 눈뜨고 볼 수가 없었다.

우리 부부의 품으로 다시 돌아온 것은 7년이 지난 후였다. 어느 날 형언이의 울음 섞인 전화를 받았다. 원주 엄마, 아빠와 살면 안 되냐는 것이었다. 대수롭지 않게 생각했으나 계속된 전화에 불안한 느낌이 들었다. 당시 처제부부는 경제적으로나 가정생활에 별 문제가 없어 보이던 시기였다. 반복된 아이의 도움 요청에 직접 확인해보니 문제가 심각해 보였다. 잦은 부부싸움과 싸움 뒤 아이에게 학대, 폭력이 반복적으로 이루어지고 있었다. 도저히 그대로 두면 안 될 것 같았다. 처제부부를 설득해 아이가 안정될 때까지 다시 키우기로 하고 우리의 품으로 데려왔다.

6학년 초 원주의 한 학교로 전학했다. 학교를 옮긴 후 염려했던 일들이 일어나고 있었다. 학교의 일상적인 생활에 적응하지 못했고 자주 문제를 일으켰다. 피해망상이 아주 심했다. 아이는 선생님들의 가르침과 친구들과 사소한 말다툼까지도 자기를 해칠 거라 생각했다. 그래서인지 자기를 지켜줄 무엇인가를 항시 가방에 지니고 다녔다. 그것은 사무용 칼이나 날카로운 송곳 등 흉기들이었다. 아내는 학교에 보내기 전 책가방을 뒤져 그런 물건들을 뺐었고, 가지고 다니면 안 되는 이유를 반복적으로 말해주었다. 이와 같은 행위는 중학교를 졸업할 때까지 계속되었다. 학교에서는 동료와 잦은 싸움을 했다. 그때마다 손에 잡히는 무엇인가를 집어던지고 위협하는 등 심각할 정도로 문제를 일으키곤 했다. 아내는 셀 수 없을 정도로 학교에 불려 다녔다. 심지어 선생님께 무릎을 꿇고 빌 때도 여러 번 있었다. 아내는 학교라는 단어만 들어도 심한 노이로제에 시달렸다.

아이의 정밀 진단이 필요했다. 그 결과 피해망상과 분노조절장애, 초등학교 1학년 수준에서 모든 심신의 성장이 멈춰버린 지적성장장애, 그리고 친엄마에 대한 트라우마가 심했다. 믿을 수 없었으나 이때부터 치유를 위하여 기나긴 인내의 시간이 필요했다. 아이도 힘들었지만 우리 부부를 포함해 주위의 많은 사람들이 힘겨운 시간을 보내야만 했다. 치료를 하면서 주변의 도움을 많이 받았다. 원주교육지청, 익명의 신문사 기자, 서울 가톨릭 세브란스 병원 전문의, 대학교수, 목사 등 직·간접적으로 도움을 주었다. 우리 부부가 감당하기 어려운 상황에서 딱한 사정을 알고 도와주었던 분들이다. 인내하며 전문적인 치료가 계속되었다. 노력하며 고생한 결과가 보이기 시작했다. 나이가 들수록 성질도 온순해졌고 참을성도 많이 좋아지고 있었다. 문제를 일으키는 횟수도 점차 줄었다. 그러던 중에 변화를 준 결정적인 사건이 일어났다.

열여덟 살 되던 추석 연휴를 친엄마가 아들과 같이 보내고 싶어 했다. 상태가 많이 좋아졌던 터라 괜찮겠다 싶어 대구로 보냈다. 아직도 분을 참지 못하면 온순하다가 갑자기 돌변하여 욕하고 물건을 부수고 집어던지는 등의 습관이 형언이에게 남아 있었다. 이날도 말다툼이 있었고 이 같은 행동에 친엄마는 놀라서 경찰에 도움을 청했다. 출동한 경찰관을 보자 흥분한 상태에서 부엌의 식칼을 들고 저항했다. 경찰관도 순간적으로 위협을 느끼고 식칼을 뺏는 과정에서 손목에 상처를 입었다. 파출소에 연행되었고, 공무집행 공무원의 치상 및 존속 상해죄로 기소되었다. 대구지원에서 구속적부 재판이 있었다. 기소된 내용으로는 구속을 피할 수는 없었다. 구속만은 막고 싶었다. 포승줄에 묶여 법정에 들어서는 형언이 모습은 절망감에 모든 것을 포기하고 체념한 상태였고 눈길도 주질 않았다. 이런 모습에서 지난 시간의 노력이 물거품이 되는 것 같았다. 검사와 변호사의 심문이 끝나고 재판장은 예외적으로 보호자인 나를 불러 참고인 진술을 하게 했다. 아마도 재판장에게 보냈던 장문의 탄원서 내용을 확인하고 싶었던 모양이다.

"이 탄원서를 직접 쓰셨나요?"
"예."
"관계는 어떻게 됩니까?"
사실관계를 모두 진술했다.
"추가적으로 하실 말이 있습니까?"

"예, 지금 형언이의 행위는 구속되는 게 당연합니다. 그러나 아이의 잘못도 크지만 어른들의 잘못도 큽니다. 아이 혼자서 감당하기에는 너무 가혹합니다. 지난 세월 아이는 사랑보다는 학대와 폭력 등으로 고통을 더 많이 받고 자랐습니다. 지금 이 아이에게 필요한 것은 사랑입니다. 아이가 받았던 고통이 사랑이란 약을 먹으며 치유가 되고 있었습니다. 기회를 주신다면 제가 책임을 지고 정상적인 청년으로 성장시켜 사회에 기여할 수 있도록 하겠습니다. 이상입니다"

울먹이며 진술을 모두 끝냈다.

"잘 알겠습니다."

이렇게 재판은 마무리되었다.

한 시간 후 형언이는 나의 품으로 돌아왔다. 내 품에 안겨 한없이 엉엉 울었다. 그리고 나서 활짝 웃어주었다. 정말 오랜만에 본 맑은 웃음이었다.

이 사건이 계기가 되어 모든 생활에서 큰 변화가 왔다. 온순해진 성격, 원만한 대인관계, 인내심도 더욱 좋아졌다. 또 하나의 변화는 고등학교를 다니고 싶어 했다. 그리고 6년 만에 고등학교를 졸업하게 되었다. 방송통신고등학교를 다니며 같은 아픔이 있었던 다양한 분들과 함께 생활하며 살아가는 방법을 배우고 있었다. 참 우여곡절이 많았던 졸업이었다. 자존감이 회복되면서 기적이 일어나고 있었다. 모든 사회적 관계에서 자신감을 갖기 시작했다. 이력서에는 방송통신고등학교 졸업을 당당하게 써 넣었고 알바도 시작했다. 분노조절장애는 치료가 되어가고 있었고 인내심도 많이 좋아졌다. 아이의 얼굴에는 웃음이 돌았다.

분노조절장애와 자기만을 위하고 자기 뜻대로 되지 않으면 분노를 참지 못하고 과격한 행동을 하는 아이를 치유하면서 많은 것을 배웠다. 아이의 치유를 위해 직접 멘토링을 하기로 했다. 멘토가 되기 위해 심리학 공부를 했다. 내면에 쌓여 있는 분노를 풀어주는 것이 치료의 근본이었다. 이 분노를 끄집어내는 과정이 힘들고 어려웠다. 인내와 수용, 공감, 그리고 용서가 필요했으며 모든 것이 다 어려운 과정이었다.

2020년 초에 폴리텍 대학 서울 캠퍼스 시각디자이너 2년 전문 과정에 합격했다. 본인은 물론 우리 부부는 감격하여 한참을 울었다. 지나온 12년 동안의 일들이 주마등처럼 스치며 지나갔다. 그 긴 시간 동안 마음고생이 심했던 아내에게 모든 영광의 면류관을 씌워주고 싶다. 12년 전 어느 날 날개와 다리가 꺾이고 심신이 갈기갈기 찢긴 파랑새 한 마리가 우리의 둥지로 찾아들었다. 어떤 치유도 불가능할 것 같았던 그 파랑새는 12년이 지난 지금 그만의 새로운 세상을 열기 위하여 우리의 둥지를 떠나 더 넓은 창공으로 힘차게 날아오르고 있다.

어느 날 형언이 하는 말.
"아빠, 나 호적 옮겨도 돼?"

입선
권안나

그 여자의 존재 증명

오늘 아침 산길에서 야위어가는 산사나무를 보았다. 잎이 다 떨어진 가지는 부러진 우산살마냥 서글퍼 보였다. 그 가지 사이로 흘러가는 구름, 흐르는 것이 어디 구름뿐일까. 강물이, 시간이, 사람도 그러했다. 그때 나도 그렇게 흘러가고 있었는데 어느 모진 바람이 그 흐름을 가로막고 흩어놓았던 것이다.

'우두망찰'이란 말이 있다. 정신이 얼떨떨한 가운데 어찌할 바를 모르고 순식간에 당한 일이었다. 눈이 모질게 내리고 체감온도가 영하 15도라며 뉴스에서 떠들어대던 바로 그날 아침, 나는 조조영화를 보러 갔었다. 설거지랑 집안일을 다 접어두고 혼자 나선 길이었다. 그리고 영화의 감동이 채 가시기도 전에 고통의 전조는 시작되었다. 집에 돌아온 지 얼마 지나지 않아 두통과 반복되는 구토로 정신을 차릴 수가 없었다. 아무래도 체한 거라고, 아침 먹은 게 잘못된 거라고…, 한숨 자고 일어나면 괜찮을 거라고…, 스스로를 안심시키며 소파에 몸을 뉘였다. 그러나 그건 기우에 지나지 않았다. 다시 시작된 무시무시한 고통으로 먹는 것도 자는 것도 힘이 들었다. 남편과 아들에게 밥을 해 주지 못했고 살뜰한 말 한마디도 건넬 수 없었다.

"병원 가자! 옷 입어! 당신 체한 거 아냐."

3일째 두통약과 소화제로 버티던 나를 일으켜 세운 건, 출근했다 두 시간 만에 돌아온 남편이었다. 나는 방전이 임박한 로봇처럼 천천히 움직였다. 두툼한 바지랑 알록달록한 등산 양말에 아끼느라 잘 안 입던 체크무늬 코트까지 걸치는데 10여 분이 족히 걸렸다. 식은땀이 소름처럼 온몸으로 돋았다. 입으론 체한 거라고, 감기몸살이라고 우겨 댔지만 마음은 조용히 불안을 마중하고 있었다. 다시 한 번 말하지만, 순식간에 당한 일이라 생각이 명료하지 않았다. 익숙한 골목에서 길을 잃은 것처럼 드문드문 장면이 지워졌다.

"얼른 휠체어 가져다 환자를 앉히세요! 이분은 위급한 환잡니다."

집 근처 병원 신경과 의사는 꾸짖듯 남편을 다그쳤다. 그 순간부터 나는 환자가 되었다. 아주 중한 환자. 신경과 집중치료실에 누워 양팔에 주삿바늘을 꽂고 링거를 주렁주렁 매단 채 의식을 잃어갔다.

유아들이나 삼사십 대 여자들에게 많이 발병한다는 모야모야라는 희귀병, 뇌출혈과 구토가 동반하여 꼭 수술을 해야만 한다고 의사는 진정성 있게 설명했다. 뇌에 드문드문 미세하게 터진 혈관 검사 사진을 남편과 나는 말없이 들여다보기만 했다. 마치 우리 일이 아닌 것처럼.

어느새 달려온 친정엄마와 아버지는 눈시울을 붉히며 내 손을 꼭 잡아주셨다.

"이게 웬일이냐? 왜 이런 병이 우리 딸한테 생겼냐! 아이고 미치것네."

정 많고 한 많은 엄마가 울면서 병상에 매달렸다. 수술하면 낫는다고 아무리 남편이 위로해도 엄마의 걱정은 잦아들지 않았다.

"머리가 너무 아파."

송곳으로 만든 베개를 괴고 누운 듯 선명하고 분명한 통증이 느껴졌다.

"그래, 알아. 당신 지금 많이 아파… 못 참겠으면 참지 말고 말해. 진통제 놔달라고 할게."

그렇구나, 내가 진짜 많이 아픈 거구나. 미련하게 참는 게 아니었어. 나는 눈을 감으며 지난 3일을 떠올렸다. 인내는 쓰지만 달고, 미련한 견딤은 고통을 동반하며 아무 보상도 없는 거였다고 스스로를 나무랐다. 이제껏 살아오면서 억울하고 분하고 서러운 적 많았다. 그런데 그 정점을 이렇게 찍게 되리라고는 상상도 하지 못했다. 수술비를 대려면 그 잘난 집을 팔아야 하나, 아님 대출이라도 받아야 하는 건가. 결국 남편과 아들에게 짐을 얹어주는 구나…. 끝끝내 나는 남편에게 빈대로 남고 아들에겐 짐만 되는 존재라니… 자괴감으로 뜨거운 눈물이 흘러내렸다.

"내일 병원을 옮기세요. 소견서 써드릴 테니 거기 가서 수술 잘 받으세요. 간단한 거니 너무 걱정하지 마시고요."

아침 회진 때 담당의사는 인자한 할아버지처럼 나를 안심시켰다. 집에서 가깝지만 한 번도 가보지 않은 대학병원이었다. 의심은 가는데 증거가 부실한 죄처럼 불안했다. 멈추지 않고 조여 오는 머리의 통증은 그 불안마저 희석시키며 내 존재를 하찮게 만들었다.

"내 이름은 김안심… 아들 이름은 김…"

치매로 잃어가는 기억을 약으로 붙들지 못해 다시 병원을 찾았다는 건너편 할머니의 다짐이 나를 울게 만들었다. 내가 왜 여기 누워 이러고 있는지, 분하고 억울해 견딜 수가 없었다. 다음 날 나는 병원을 옮겼고, 뇌압이 떨어지고 머릿속에 고인 피가 빠지는 대로 수술이 진행될 예정이라 했다. 새벽마다 불려나가 몸무게를 재고, 셀 수 없이 많은 가짓수의 약을 먹고, 링거가 비어가는 걸 관찰하는 그 시간은 2주 동안 계속되었다. 낮에는 남편이 들르고 밤엔 엄마가 계시고, 이제 고3이 될 아들은 저녁마다 찾아와 나를 위로했다. 엉켜버린 남편과 아들의 일상이 창밖에 흩날리는 진눈깨비처럼 혼란스러웠다. 밤이면 엄마는 나를 위해 기도를 해주셨다. 수술 잘 받게 해달라고, 아프지 않게 해달라고… 그리고 지인들에게 일일이 전화 걸어 나를 위한 기도를 부탁했다.

솔직히 나는 살가운 딸이 아니었다. 엄마의 말과 행동을 못마땅해 하고, 지나친 애정 표현에 고개 돌리고, 절대로 엄마처럼 살진 않겠다며 다짐 했었다. 엄마의 시난고난했던 인생 여정을 이해하려 노력은 했지만 결국엔 내 것과는 다른 거라고 믿었던 것이다. 그럼에도 불구하고 엄마는 냉정한 딸년을 참아주고 보듬고 사랑해주셨다. 마치 깊은 땅속에 혼자 내려가 우물을 파는 사람처럼 견디며 기다려준 것이다.

"감사해요, 엄마."

사람은 힘들고 고통스러울 때 겸손하고 공손해지는가. 엄마의 그 간절한 기도가 끝나면 나는 꼭 그렇게 말했다. 진심으로 죄송하고 감사했으니까.

새해 첫날 나는 신경과 수술을 받았다. 그날 새벽에 차가운 공기를 안고 아들이 왔다. 나를 꼭 안아주며 그까짓 수술 박살내고 오라며 내 얼굴에 뺨을 부비고 갔다. 나는 분명 그때 깨달았다. 세상에서 제일 못 견딜 슬픔은 자식과의 이별이라는 것을. 엘리베이터를 타고 수술실로 옮겨지는 동안 나는 내내 자식만 생각했다. 내 자식이 나로 인해 고통 겪지 않기를 간절히 바랐다. 그리고 나와 같은 슬픔을 느끼셨던가. 수술실로 들어가는 내 손을 끝까지 놓지 않으시던 아버지, 그 눈 속에 강물이 흐르고 있었다. 그렇게 나는 대단한 사십 대를 마감했다.

가끔 남편을 바라보며 현진건의 〈빈처〉를 떠올렸고, 나를 너무 빼닮은 아들을 다그칠 땐 본전 생각이 나 억울하기도 했다. 과연 나만 힘들었을까. 맺고 끝냄이 경계가 없고 장소와 사람을 지나치게 가려 불안을 달고 살았던 나, 일이 뜻대로 되지 않을 땐 몽니를 부리며 주위 사람들을 불편하게 했던 나였다. 생각해보니 가진 게 많았음에도 늘 빈곤과 결핍의 피해자를 자청했던 것이다. 그들은 내 존재가 고여 있는 물처럼 답답하지 않았을까. 미안했다. 오래전부터 두고두고 두 남자에게 미안했다. 이제, 남편의 얼굴에 웃음기 가득하게 해주고, 정 많은 아들을 살뜰히 보살피고 싶었다. 수술 후 내가 간절히 원한 건 그것뿐이었다. 내가 만일 누군가의 마음을 달랠 수 있다면… 누군가의 상처를 위로할 수 있다면…, 그것이 얼마나 대단한 일인지 수술을 마치고 깨달았다.

가보지 않은 길을 순식간에 돌아 나온 나로선 생각이 깊어졌다. 설명이 짧아지고 바라봄이 길어졌다.

"기분이다! 업혀! 당신, 업히는 거 좋아하잖아."

병원에서 퇴원하던 날, 남편은 호기롭게 내게 등을 내밀었다. 평소에도 술이 불콰해지면 곧잘 업어주던 남편이었다. 순간 눈물이 왈칵 솟았다. 앞으로도 나는 당신 등에 업혀서 세상을 바라보고, 그 누군가의 가슴을 달래주려 노력하며 살아갈 것이다.

입선

김영희

세월

눈물이 터져 나올 것 같았다.

열다섯 살이 갓 넘은 중학교 3학년의 한 해가 저물어가는 추운 겨울 밤. 해도 일찍 져서 더욱 캄캄한 밤이었다. 집으로 가는 버스 창가에 앉아 맑은 유리창에 비친 아직은 어린 내 모습을 물끄러미 바라보고 있었다. 말을 잊은 듯 무표정한 얼굴.

깊은 슬픔의 늪에 빠져 있는 그녀를 만나고 돌아서는 내 발걸음은 슬픔으로 가득 차올랐다. 정작 그녀에게 하고 싶었던 말은 목구멍에서 맴돌다가 차마 입 밖으로 꺼내지 못하고 나는 그냥 그렇게 돌아서서 왔다.

그동안 그 누구에게도 꺼내놓지 않았던 이야기 하나. 귀중한 보물처럼 아끼고 아껴 50여 년 동안 나는 가슴속 깊이 품고 있어야 했다. 사실 누구에게도 말하고 싶지 않았고 말할 수도 없었다.

그녀와 나는 특별히 가깝지도 멀지도 않은 거리에 늘 있었다. 3학년이 되면서 처음으로 같은 반이 되어서 더욱 그랬을 것이다. 그녀는 공부를 곧잘 해서 우리 반 반장을 맡았다. 말수가 적었던 나는 두루두루 원만하게 지냈을 뿐 쉬는 시간에 특별히 말을 많이 하는 성격은 아니어서 그녀와 서로 데면데면하게 바라보는 관계로 지냈다. 뿔테 안경을 끼고 항상 웃고 있는 그녀의 동그스름한 얼굴은 그녀가 성격 좋은 소녀임을 말해주는 것 같았다. 차분하면서 통솔력도 있고 원만하여 항상 웃음을 머금고 있는 그녀에게서 어두운 그림자는 전혀 보이지 않았다.

고등학교 진학을 위해 중학교 3학년은 정말 중요한 시기였다. 모두 공부를 열심히 할 때였고, 주위에 어려운 가정형편에도 열심히 공부하던 친구들이 많았었다. 국민학교(지금의 초등학교)부터 중고등학교 시절에 나는 부반장도 몇 번 했지만 주로 미화부장과 서기를 맡았었다. 국어 과목을 가르쳤던 담임선생님은 나에게 은행 업무도 맡기셨는데, 그 당시에는 저축 장려운동을 해서 학생들에게 저금할 돈과 통장을 받아서 수업이 끝나고 종례시간 전에 은행에 가서 예금하고 오는 일이었다. 담임선생님이 그 일을 왜 내게 맡겼는지는 모르겠다. 단지 내가 남의 돈을 떼먹을 사람은 아니라고 생각하셨을까? 그 일이 한 건이든 두 건이든 상관없이 즐겁게 했다. 수업이 끝나고 담임선생님의 종례를 기다리는 즐거운 잡담 시간에 나는 유유히 교문을 나가서 은행 직원에게 예금하고 학교로 돌아왔다. 교문을 양쪽에서 지키고 서 있는 규율반 학생들의 까다로운 저지도 받지 않고 교문을 나서는 것이 가끔은 대단한 특권을 누리는 것 같은 생각도 들었었다. 액수가 큰돈은 아니었지만 저축할 돈을 모아 은행에 입금하고 오는 일은 내게 아주 조심스러운 일이었다.

1970년대 그 당시 많은 집들이 무척 가난했던 시절이었는데 중학생들이 얼마나 저축을 할 수 있었을까? 저축 장려운동이 한창인 때여서 저축할 돈을 부모님께 타오는 학생들도 있었겠지만 다수의 학생들은 나의 경우처럼 책이나 준비물을 사고 남은 몇 푼을 모아서 저축했을 것이다. 금액이 많고 적음을 떠나 저축하는 습관을 들이기 위해 저축 장려운동이 시행됐던 것 같다. 우리 집도 한참 어려웠던 시기여서 저축할 돈을 부모님께 타는 것은 꿈도 꿀 수 없는 일이었다.

내가 국민학교 6학년 때 아버지는 작은 가게를 하셨다. 판매한 물건 값을 받지 못해서(그 당시엔 외상이 많았다) 물품대금을 못 주게 되고 결국 부도를 맞았다. 어느 날 학교에서 돌아와 보니 모든 집안 물건에 빨간 딱지가 붙어 있었다. 그때 그 빨간 딱지는 어린 내 눈에 마귀할 멈처럼 보였고, 어머니는 "만지면 절대 안 돼"라고 하셔서 그 빨간 압류 딱지가 굉장히 무서웠다. 그 후로 부모님은 어려움을 이겨내는 데 10년쯤 걸렸던 것 같다. 온 가족이 나서서 도와 다행히 어려움을 잘 이겨낼 수 있었다.

그때 투명한 플라스틱 재질의 동그랗고 긴 손잡이가 달린 가방을 들고 다녔는데, 그 가방 손잡이가 끊어졌고 나는 부모님께 가방을 새것으로 사달라고 말을 할 수 없었다. 그래서 '6학년 졸업할 때까지 꾹 참고 들고 다니자'라고 나를 타이르며 옷핀으로 끊어진 양쪽 손잡이를 꿰어 들고 다녔었다. 학교까지 걸어서 15~20분쯤 걸리는 거리를 그

가방을 들고 가면 가는 동안 몇 번씩 옷핀이 구부러져 풀리고 옷핀 바늘이 손바닥을 자꾸 콕콕 찔렀다. 그러면 다시 꿰어 붙여서 들고 학교에 가곤 했다. 그렇게 어려웠던 시절에 적은 돈이라도 어떻게 저축을 할 수 있었는지 지금도 나는 그때의 내가 이해되지 않는다.

아침마다 고생하시는 부모님께 차비와 준비물을 사기 위해 말을 꺼내기가 참으로 어려웠다. 아침 분위기에 따라 차마 말을 못하고 그냥 학교에 간 적도 있었다. 학교에 갔다가 집에 돌아가야 되는데 차비가 없어서 발을 동동 구른 적도 몇 번 있었다. 이런 상황에서 푼돈을 모아 어렵게 저축했는데 그 돈을 한순간에 찾아 써야 되는 일이 생겼다.
그날 종례가 끝나고 담임선생님을 뵐 일이 있어서 교무실로 들어갔다. 선생님 앞에는 우리 반 반장이 등을 보이고 서 있었다. 나는 뒤에서 내 차례를 기다리며 잠시 서 있었다. 선생님은 반장에게 "수업료를 빨리 가져와라" 하고 조금 큰 소리로 말했고, 반장은 아무 말도 하지 않고 고개만 푹 숙이고 있었다. 나도 등록금을 좀 늦게 내는 편이어서 반장의 사정을 충분히 이해할 수 있었다. 또 교무회의 때마다 각반에서 등록금을 안 낸 학생들의 인원 비교 자료가 공개되고, 선생님은 등록금을 재촉하라는 윗분의 말씀도 여러 번 있으셔서 무척 난감하셨을 것이다. 그래도 우리 담임선생님이 점잖은 분이었고, 아마도 반장이 등록금 납부 기간이 지나고도 많이 늦었던 것 같았다. 그때 나는 다행히 등록금을 납부한 상태였다. 나와 마찬가지로 학생들은 부모님의 어려운 사정을 뻔히 알아서 등록금과 필요한 돈을 달라고 말하기가 어려웠을 것이다. 선생님은 몇 번 더 "등록금을 빨리 가져와라" 하고 말했고, 나는 그곳에 있는 것이 가시방석에 앉아 있는 것처럼 무척 당황스러웠다. 반장은 고개를 푹 숙인 채 교무실을 나갔다. 그 자리를 피할 새도 없이 나는 다 보고 말았다. 선생님과 반장이 어린 내 눈에 애처로워 보였다. 그래서 나는 바로 "선생님! 제가 반장 등록금을 꿔 줄게요"라고 말씀드렸다. 선생님은 "아니다, 네가 그럴 필요 없다"라고 하셨고, "제가 한 번 빌려줄게요" 하고 나는 다짐하듯 말했다. 나는 내가 등록금을 반장에게 빌려주면 반장이 그런 비참한 감정을 또 느끼지 않아도 된다고 생각해서 빌려주기로 마음먹은 것이었다. 부모님도 모르시는 돈이었으니. 다음 날 수업이 끝나고 은행에 가서 그동안 내 통장에 차곡차곡 쌓아놓았던 돈을 거의 다 찾아서 선생님께 반장의 등록금으로 드렸다. 그렇게 일이 빨리 끝날 수 있어서 참 다행스러웠다.

그 일이 있고 며칠 후부터 반장은 학교에 나오지 않았다. 무슨 일이 있나? 궁금했다. 주소를 적어서 반장네 집을 찾아 나섰다. 오금동. 그때 오금동이 어디쯤 있는지는 알고 있었다. 버스를 타고 오금동으로 가서 주소를 보이며 반장네 집을 찾아다녔다. 어둑해져서야 반장이 사는 집을 찾을 수 있었다. 작은 동네라서 참 다행이었다. 그때는 오금동이 작은 동네였다.
갑작스럽게 만난 반장과 나는 서로 쳐다보고도 별말을 하지 않았다. 나는 반장에게 묻고 싶었다. 내가 꿔준 등록금을 언제 줄 수 있는지. 그때 반장은 "어머니가 돌아가셨어"라고 말했다. 그 말을 듣고 내 온몸이 굳어버렸다. 아무것도, 어떤 말도 할 수 없었다. 갑자기 일어난 일에 당황한 나는 반장에게 어떤 위로의 말도 하지 못했다. 반장의 어머님은 돌아가시기 전에 또 얼마나 편찮으셨을까? 반장의 복잡했을 마음과 그 슬픔이 헤아려졌다. 나를 보고 계면쩍게 웃고 있는 반장의 얼굴에 미안함과 슬픔이 가득했다. 서로 어린 나이에 우리는 무슨 말을 해야 할지 몰라서 말을 잊고 서 있었다. 그렇게 반장을 잠시 만나고 나는 그냥 뒤돌아섰다.

무엇으로도 위로가 안 될, 어머니를 잃은 그녀의 깊은 슬픔이 내 가슴에도 그대로 슬픔으로 박혔다. 신발에 무겁게 들러붙는 진흙탕 같은 길을 한 걸음 한 걸음 힘겹게 걸어 나왔다. 좁은 골목길을 벗어나니 큰길이 나오고 집으로 가는 버스에 올라탔다. 그때 그녀를 마지막으로 보았다. 그 후로 우리는 서로 찾지 않았고, 나는 그녀가 잘 지내기를 마음속으로 기도했다.

50여 년 전 어린 소녀가 겪었던 그때 그 일이, 그녀를 만나고 돌아서서 집으로 가는 버스 창가에 앉아 바라보던 유리창에 비친 내 얼굴이, 슬픔과 미안함이 얼굴에 가득했던 반장의 얼굴이 가끔 어제 일처럼 생생하게 떠올라 내 가슴을 찡하게 하고 내 눈엔 눈물이 글썽인다.

가난한 것은 네 죄가 아니야. 그때는 우리 모두 가난했고 또 우리 모두 잘 견뎌왔지. 가난 때문에 고개 숙이는 일이 더는 없었기를.

어쩌다 보니 오금동과 가까운 곳에서 30년을 살아왔다. 그녀는 지금도 오금동에 살고 있을까? 너무도 오랜 시간이 흘렀다. 친구는 어떻게 살고 있을까 안부가 궁금하다. 세월 너머에 그 모습은 평온하고 사나운 바람이 그녀 곁에 머물지 않기를 바란다.

씩씩하게 잘 살아라, 친구야!

들어보세요

입선

김은희

엄마 소원은 뭐야?

그날도 나는 가게 일을 마치고 지친 마음과 몸으로 밤 10시가 다 되어서야 버스에서 내려 터벅터벅 집으로 향했다. 내가 기억하는 그날은 유독 힘든 날이었다.

아동복 매장을 시작한 지 6개월 남짓 조금씩 적응해가고 있을 때, 매장 청소를 끝내고 커피 한 잔을 하자 어떤 여자 손님이 남편을 대동하고 나타났다.

"브랜드 신발인데 왜 이 모양이야? 한 달 신었는데 밑창이 나갔잖아요. 다 필요 없으니까 당장 환불해줘요"라며 핸드볼 선수가 골키퍼를 향해 공을 던지듯이 신발을 나에게 내던진다. 뒤에 서 있던 남편도 힘껏 인상을 쓰면서 한몫 거든다.

"누가 이런 곳에서 신발 사라고 했어. 응?"

나는 애써 표정 관리를 하느라 버거웠다. 또 하고픈 말도 많았지만 참을 인(忍)을 머릿속에 새기고 웃으며 환불해드렸다.

뭐 장사하면서 이런 에피소드는 그저 작은 유머일 뿐이다. 더 기막힌 일은 5개월 동안 우리 매장에서 일했던 매니저 언니가 갑자기 관두더니 가까운 다른 아동복 매장으로 옮겼는데, 그동안 친분을 맺었던 단골손님들께 연락했는지 늘 오셨던 손님들이 그쪽 매장에서 보였다. 부아가 치밀어 올랐지만 잠시 심호흡을 한 뒤 서랍 속에 있는 두통약 두 알을 입에 털어 넣고 혼잣말로 위로를 해본다.

"영원한 손님은 없어."

깊은 심연 속 넋두리를 해보지만 유독 그날은 손님이 없었고 일도 손에 잡히지 않았다. 그래도 퇴근하면서는 잊어버리기로 했다. 집에 도착하니 여덟 살 아들과 여섯 살 딸이 방에 있다가 달려 나온다.

"엄마, 엄마, 많이 팔았어?"

나는 그 말에 무표정한 목소리로 "숙제는 다 했어?"라고 답했다. 아들, 딸은 후다닥 방으로 들어가 공책을 꺼내느라 분주했다. 나는 푹─ 한숨을 쉬며 옷도 갈아입지 못한 채 집안일을 시작했다. 아들과 딸이 둘이서 저녁을 챙겨 먹고 싱크대에 넣어둔 그릇 설거지며 청소며 빨래며 다 하고 나니 12시가 넘었던 것 같다. 겨우 졸린 눈으로 샤워를 하고 나서야 예쁜 아이들을 생각해냈다.

아이들 방이 조용했기에 살며시 방문을 열고 들어갔는데 자고 있을 줄 알았던 아이들은 이불을 뒤집어쓰고 개미 소리로 소곤소곤 이야기하며 마냥 웃고 있었다.

"빨리 자야 내일 학교 가지."

내 목소리에는 늘 피곤이 묻어 있었던 것 같다. 그도 그럴 것이 타지에서 근무하는 남편은 월 2회 정도나 집에 올 수 있었다. 육아 담당과 교육은 나의 몫이어서 그런지 나는 언제나 아이들에게 사회성을 가르쳐야 한다는 일련의 목적으로 냉정했고, 독립적으로 성장하도록 교육한 것 같다. 그래서인지 내 음성에는 어느 기숙사 사감처럼 나지막하지만 냉정함이 흐르고는 했다. 갑작스러운 엄마의 등장에 웃음을 멈추고 잠든 척하는 아이들의 모습이 그날따라 안쓰러워 보였는지 작은 딸아이 등을 토닥이며 늘 익숙함이 묻어나는 노래를 나지막하게 불러주었다.

"엄마가 섬 그늘에 굴 따러 가면 아기는 혼자 남아~"

얼마쯤 지났을까? 작은 공주님은 잠이 들었다. 아들은 잠을 자려고 노력은 하고 있었지만 뒤척이고 있었다. 그래서 "어부바 해줄까?" 했더니 씨익 웃는다. 아들 손을 잡고 베란다로 나와 이젠 제법 묵직해진 아들을 업어주었다. 베란다를 이리저리 왔다 갔다 하는데 아들이 대뜸 나에게 물어본다.

"엄마는 소원이 뭐야?"

"엄마? 엄마는 빨리 돈 벌어서 멋진 집 짓구 우리 범준이가 축구를 좋아하니까 정원에 미니 축구장도 만들고 여주가 좋아하는 그네를 매단, 제주에서 제일 큰집 짓고 사는 거야."

신나서 멋들어지게 설명이 끝난 후에 자랑스럽게 아들 반응을 보면서 얼굴을 등 쪽으로 돌리며 아들에게 물어보았다.

"아들은 소원이 뭐야?"

아들은 한 치의 망설임도 없이 대답했다.

"응, 내 소원은 엄마가 집에 올 때 환하게 웃는 거야."

가슴이 퉁, 떨어지는 소리를 들었다.

"음⋯."

나는 말없이 고개를 떨궜다. 다행히 아들은 나의 우는 모습은 보지 못했다. 아들도 지쳤는지 금세 내 등에서 잠이 들었다.

결혼해서 자기 집 한 채 마련하려고 맞벌이 부부로 산다는 것은 아이들에게 많은 것을 희생하고 빨리 성장시키는 것 같다. 아빠의 부재 속에 철없는 엄마랑 동생을 챙기느라 분주하게 움직이고, 아빠를 대신해 매일 밤 문단속하고, 동생 학원 데리고 가고, 목욕시키고, 밥 먹여 주는 아들이었기에 그날은 참 많은 생각과 반성을 하게 되었다. 그렇게 아들을 등에 업고 무심코 바라본 밤하늘이 유난히 밝았다.

그날 이후 나에게는 작지만 큰 변화가 생겼다. 아무리 가게에서 힘들어도 버스에서 내려서 집으로 걸어가는 동안 웃는 연습을 했다. 그리고 환한 표정으로 현관문을 열면 엄마를 기다리는 아이들은 "와우, 우리 엄마 오늘 장사가 잘 되었구나?" 하면서 손뼉을 치며 좋아했다. 그리고 집에서도 분주하게 일했던 그전과는 다르게 이젠 집안일을 대충 마무리하고 애들과 함께 잠자리에 들었다. 항상 잠자리는 정해져 있었다. 내가 한가운데 누워 있으면 오른쪽은 아들, 왼쪽은 딸이 누웠고 조잘조잘 얘기하며 활짝 웃다가 잠들었다.

그렇게 시간이 흐르고 부지런히 산 덕분인지 내가 소원했던 집 마련을 할 수 있게 되었다. 비록 축구장도 없고 그네도 없는 집이지만 대신 다락이 있는 집을 지을 수 있었다. 또한 이제 어부바를 할 수 없게 된 아들, 딸은 각자의 방에서 진정한 독립이라는 것을 하게 되었다.

그리고 나는 지금도 코로나 사태를 맞은 소상공인으로 힘겹게 대출을 갚으면서 열심히 살아가고 있다. 요즘은 가끔 가게 운영이 힘들다고 하소연하면 넉살 좋은 대학생 아들이 "엄마 그렇게 힘들면 내가 할게. 엄마는 이제 쉬어. 쉬어"라고 말하는 통에 엄살도 부릴 수 없다.

입선
신정아

실천하는 어부바 사랑

"엄마, 저 좀 업어주면 안 돼요?"

여덟 살 난 둘째아이가 퇴근하고 막 들어서는 내 등 뒤에 딱 붙어 업어달라고 보챈다. "다 큰 애가 왜 업어달라고 해!"라면서 평소 같으면 냉정하게 말했을 테지만 오늘은 상황이 좀 다르다.

'법랑질 형성 부전증'이라고 특수 치아를 가진 아이는 대리석처럼 단단한 치아가 아닌 모래알이 많이 섞인 것 같은 푸석푸석한 치아를 갖고 있기에 관리를 해준다고 해도 쉽게 치아가 깨지고 썩어서 하나씩 씌우다 보니까 어느새 앞니 빼고는 다 씌우게 되었다. 오늘은 세 개중 두 개째 어금니를 씌우고 온 날이다.

마취가 풀리자 진통제를 먹었는데도 밀려드는 통증 때문에 엄마 등에서 포근한 휴식을 취하고 싶어 하는 것 같아 말없이 등을 아들에게 내민다.

"엄마! 우리 지훈이는 다른 아이들이 먹는 달달한 음식들 먹으면 안 돼요. 각별히 신경 쓰지 않으면 안 되는 치아를 가졌기 때문에 어떻게 든 발치를 하지 않는 방향으로 관리하는 게 지금으로서는 최종 목표 예요. 앞니 난 걸 보니 아마 나머지 영구치도 이런 식으로 날 텐데… (한숨) 엄마가 잘못해서도 아니고 아이가 잘못해서도 아니고… 다만 환경적인 요인으로 인해서 치아가 이렇게 나는 건데…."

진료 후 의사선생님이 무겁게 입을 떼면서 위로를 하는데 순간 울컥 했지만 마취를 걸고 치료에 들어갈 아이 앞에서 눈물을 쏟을 수는 없 기에 아빠와 바통 터치를 하고 새로 일하고자 하는 직장에 이력서를 제출하러 병원을 나섰다. 치료가 끝나면 턱 교정도 해야 하고, 사춘기 가 되면 전체 교정도 해야 하고…. 지금으로서 내가 해줄 수 있는 건 치료비용을 벌기 위해 기간제로 일할 기간이 끝나가는 이 시점에 안 정된 직장을 잡는 것과 힘든 치료를 끝낼 때마다 포근하게 기댈 수 있 는 등을 내어주는 것밖에 없다는 생각이 들었다.

아이는 내 등에 딱 붙더니 따뜻한 감촉과 포근함 덕분인지 어느새 잠 이 들었다. 30kg이나 되는 아들을 업자면 이젠 나도 힘이 부친다. 출 생 시 난산으로 인해 흡인만출술(금속 컵과 연결된 펌프로 공기를 빼 내어 컵을 진공 상태로 만들어 태아의 머리에 고정시킨 뒤 견인하여 태아를 만출시키는 방법)로 태어난 아이는 두혈종으로 인해 황달이 심하게 왔고 신생아 중환자실에서 3박 5일을 치료받았다.

자녀 양육을 도와줄 만한 인적 자원도 전혀 없는 환경에서 산후풍까 지 겪으며 밥상을 짚고 일어설 힘도 없었는데 아이까지 낯선 곳에서 힘겨운 싸움을 하고 있을 걸 생각하니 가슴이 미어졌다. 퇴원하고 나서도 아기 띠로 아이를 업고 다닐 때까지 잔병치레도 많이 했고 알레르기로 인해 남들 다 먹는 분유조차 먹일 수 없어서 특수 분유인 콩분유를 먹이면서 병원을 내 집처럼 드나들었기에 불안했던 나는 애를 키워본 경험도 없는 동생을 붙잡고 물었었다.

"애가 살 수 있을까?"

'살 수 있을까?' 이 말은 아버지의 갑작스런 죽음과 쉰이라는 젊은 나이에 뇌졸중으로 쓰러져서 반신마비가 된 어머니를 대신해서 가장 역할을 했던 아가씨 때도 했었던 것 같다.

"내가 손주를 봐줄 테니 나가서 돈 벌어 오라"며 친할머니는 어머니의 등을 떠밀었다고 했다.

어머니가 여느 때처럼 밭에서 일하고 왔을 때 오빠가 평소랑 달라서 보니 친할머니가 이제 갓 돌을 넘긴 오빠에게 어른 용량의 용을 먹여서 경기를 심하게 했다고 한다. 병원을 전전하는 세 시간 동안 거의 죽어 있었다고 하는데 그사이 뇌손상도 입고 시신경도 손상을 입어 눈 수술도 몇 차례 했고 지금은 지적장애인으로 살고 있는데 그런 오빠가 어느 날 하루 종일 아무것도 못 먹고 방에만 누워 있다가 토하기 시작했고 일어나질 못했다. 잔뜩 겁을 먹은 나는 오빠를 들쳐 업고 내가 간호사로 일하고 있는 대학병원 응급실로 정신없이 뛰어갔었다.

'살 수 있을까? 이대로 잘못되면 어쩌지?'

그때도 그런 불안감이 엄습해왔었다. 다행히 전정기관에 이상이 생겨 발생하는 이비인후과적인 문제라 입원 치료 후 회복이 되었었는데….

병동에서 함께 일했던 주임간호사는 오빠를 업고 뛰는 나를 비난했었다고 한다. 각자 자기 짐은 자기가 져야지, 모든 것을 다 지고 가려 하느냐며… 하지만 내 생각은 달랐다. 아픈 가족을 업는 건 쌀자루를 메고 다니는 것과는 다르다는 생각을 해본다. 쌀자루는 그저 무거운 짐일 뿐이지만 어부바 문화에는 사랑과 정이 서로 오간다. 지배와 의존이 아니라 사랑과 가족 간의 끈끈한 애정 속에 업고 업히는 관계—이것이야말로 같이 살아가는 방식이 아닐까 하는 생각이 들었기 때문이다.

내 등에 포근하게 기댄 채 아이는 어느새 잠이 들었다. 무게감이 느껴져 그대로 아이를 침대에 눕혀놓고는 서둘러 씻고 저녁 준비를 했다. 엄마가 초등학생 손주 둘을 낮 동안 봐주시긴 하지만 몸이 자유롭지 않아 식사 준비는 어렵기 때문에 저녁 준비는 퇴근 후 내 몫이다. 그래도 엄마가 이렇게 옆에 계시니 얼마나 든든하고 감사한지 모른다.

20여 년 전, 간호대학을 졸업하고 대학병원에서 신규 간호사로 일하고 있던 어느 날~ 전두엽이 리모델링되는 시기라 '질풍노도의 시기'라고도 하는 사춘기를 혹독하게 겪고 있던 막내에게서 전화가 걸려왔다. 냉장고 청소하던 엄마에게 동생이 반항적인 어조로 대들다가 혈압이 올라 쓰러지셨다고, 119 타고 언니네 병원 응급실로 가고 있다고…. 순간 머릿속이 하얘진 내가 응급실에 도착했을 때 카트에 실려 온 엄마는 어눌한 발음으로 연신 "미안해"라고 말하셨고 지시에 따라 몸을 움직이지 못하셨다. 정밀검사가 시작되고 소변줄을 끼우는 중에도 짐이 돼서 미안하다고 나지막이 이야기하는 엄마를 보고 있자니 참았던 눈물이 왈칵 쏟아졌다.

"엄마, 아니야! 내가 좀 더 신경 썼어야 했는데 미안해요."

출혈 부위가 좋지 않았다. 감각신경과 운동신경이 교차하는 부위가 터져서 어쩌면 평생 누워서 지낼 수도 있을 거라는 신경외과 교수님의 말에 무너지는 순간 정신을 가다듬고 냉정해지지 않으면 우리 엄마를 지키지 못할 것만 같은 느낌이 불현듯 들었다.

중환자실에서 집중 관찰을 하던 중 서울에 있는 3차 병원으로 전원을 가기로 했다. 병실에 자리가 나지 않아 응급실에서 하루를 보내고 병동으로 옮겨졌는데 혈압이 떨어지지 않아 고생을 했다. 어느 정도 혈압이 잡힐 때쯤에는 언어치료를 비롯한 재활치료가 이루어졌는데 자꾸만 주무셔서 치료사가 무섭게 언성을 높이며 이대로 누워서 지낼거냐며 깨워가며 적극적으로 치료를 도와주셨다. 어린 동생들을 대신해서 아빠와 교대로 병원이 있는 서울로 간병을 위해 다녔었는데 담당 의사선생님도 딸들과 가족 간의 사랑이 대단하다며 더 자주 들여다봐주셔서 편마비로 인해 절뚝거리고 왼손은 잘 쓰지 못하지만 걸어서 퇴원할 수 있게 되었다.

5남매를 다 업어 키우느라 당신 몸은 돌보지 못해 쓰러진 뒤에 위암, 골수염, 압박골절 등 온갖 질병들을 겪고 만성통증으로 시달리고 지팡이에 의지해서 조금만 걸어도 숨이 턱까지 차서 힘들어하시지만 경단녀인 딸의 재개를 돕고 싶은 마음에 공기업에서 1년 기간제로 일할 수 있는 기회가 왔을 때 망설이는 나에게 "애들도 어느 정도 컸으니 공부 정도는 봐줄 수 있다"며 희생을 자처하신 엄마 덕에 10개월째 워킹맘으로 지내고 있다.

가부장적인 부모님 밑에서 자란 엄마는 딸이라서 중학교도 졸업하지 못했다고 했다. 막내 남동생을 업고는 학교에 가서 뒤꿈치를 들고 창문 너머로 배우셨다고 한다. 업어 키운 남동생이 엄마를 누나가 아닌 친엄마처럼 생각하고 사실 정도로 엄마의 어부바 사랑은 각별했다. 돌아가신 외할머니가 아들들에게만 재산을 전부 나눠주고, 시골에서 5 남매를 키우며 급전이 필요했을 때 찾아간 외할머니가 "친정에 와서 돈 달라고 하는 거 아니다!"라며 박하게 쫓아냈던 아픈 기억 때문에 어쩌면 엄마는 내게 더더욱 희생을 하시는 게 아닌가 싶은 생각이 든다. 이제는 굽은 등을 내어주시진 못하지만 사랑 많은 엄마는 드리는 용돈을 차곡차곡 모아 어떤 사람도 부자 되길 바라는 금융기관에 저축해놓고 이따금 장터에서 손주들 간식도 사주시고, 모시고 사는 사위 신발도 사주시고, 이사할 때 모자란 자금도 약간씩 보태주기도 하시면서 어부바 사랑을 실천하고 계신다.

살다 보면 지치는 날도 있고, 노력해도 안 될 때 '이게 뭐지?' 싶은 날도 있고, 힘겨울 때도 있다. 하지만 끈끈하게 사랑으로 결속된 가족들이 있고 가슴 따뜻한 이웃들도 있어서 그래도 살 만하다는 생각이 든다. 이런 마음으로 이제는 내가 평생 어부바 사랑을 실천하려고 한다. 성실하게 일해서 모은 돈을 잘 저축해서 가족의 건강을 위해서도 쓰고 더불어 잘 사는 세상을 위해 진정 도움이 필요한 사회적 약자들을 위해서 기부도 하고 그렇게 살아가야겠다.
안정감 있고 따뜻한 품처럼 배려하고 베푸는 삶을 살아갈 때 서로의 온기가 그래도 사람 냄새 나는 세상을 만들어나갈 수 있지 않을까 생각해본다.

입선

윤 철

어부바는 슬프다

내게 '어부바'는 슬픔이다. 그리고 한편으로는 세상 그 무엇과도 비교할 수 없는 큰 사랑이다.

나는 태어나서 단 한 번도 어머니의 등에 업혀서 바깥출입을 해본 적이 없다. 그렇다고 어머니가 안 계셨던 것도 아니었다. 내 어머니는 늘 언제나 곱고 단정하게, 마치 화단에 심어진 자그마한 사과나무처럼 가족들 모두에게 기쁨과 사랑을 나누어주며 '항상' 집에 계셨으나 나는 그런 어머니 등에 업혀 바깥나들이를 해보지 못했다. 어머니 등에 업힐 나이에 그것을 기억하는 사람이 어디 있냐며 내 이야기에 반론을 제기하는 사람이 있을 수도 있지만 그것은 엄연한 사실이다.

어머니는 작은 누나를 출산하던 27세 되던 해 산후 관리가 잘못되었는지 하반신에 장애를 입으셨다. 모든 신경이 살아 있음에도 다리에 힘이 들어가지 않고 점점 다리가 펴지지 않는, 그 당시로서는 원인도 잘 모르는 질병을 갖게 되셨다고 한다. 처녀 시절 종로에서 직장 생활을 하고, 여름에는 광안리 해수욕장으로 피서를 다녔던 멋쟁이 내 어머니는 당시 사람들이 말하던 소위 '앉은뱅이'가 되셨다.

혹시 모를 회복, 또는 치료의 가능성에 대한 기대로 미처 버리지 못했던 예쁜 구두와 운동화를 이제는 다 부질 없는 생각이라며 모두 버리셨던 날, 본인 스스로가 '이제 나는 내 마음대로 바깥 활동이나 외출을 할 수 없게 되었구나'라는 생각에 몹시도 서럽게 우셨다고 한다. 왜 그렇지 않았겠는가. 아직 30도 되지 않은 너무나도 좋은 나이에 장애를 입어 평생을 집에서만 있어야 할지도 모른다는 두려움…. 정말 삶에 대한 모든 소망을 잃으셨던 것인지도 모른다. 더욱이 어머니가 그렇게 되신 1970년대 초만 해도 우리나라에는 변변한 장애인 시설 하나 없던 시절이었고 몸이 불편한 장애인들이 편하게 바깥 활동을 하기에는 주변의 편견과 시선이 본인의 장애의 크기보다 훨씬 더 크게 느껴졌던 시기였으니… 내 어머니는 그런 상황 속에서도 두 딸들의 어미인지라 더욱 강하게 마음가짐을 하고 하루하루를 살아내셨고 작은 누나 출산 후 4년 뒤에 몸이 불편하신 상황 속에서 당신에게 너무도 귀한 아들인 나를 얻게 되신 것이다.

그렇게 태어난 아들, 눈에 넣어도 아프지 않을 막내이면서 장남인 아들을 단 한 번도 업고 달래거나 밖에 함께 나갈 수 없는 어미의 마음이 어떠했을까? 예전엔 미처 나도 그 마음을 헤아릴 수 없었지만 이제 지

천명의 나이가 가까워지고 머리엔 제법 백발이 하나둘 늘어나고 보니, 그 당시 내 어머니의 아린 마음의 자그마한 편린이나마 깨달을 수 있을 듯하다.

단순히 어머니의 등에 업혀보지 못해서 '어부바'라는 단어가 나의 코끝을 시리게 만드는 것만은 아니다. 그 속에 담긴 몇 가지, 나의 어머니에 대한 회상이 나를 한편으로는 가슴 저미게 하고 다른 한편으로는 세상을 다 담을 만큼 너른 사랑을 느끼게 하기 때문이다.
언젠가 내가 대학생이 되고 철이 들었을 때 어머니는 그제야 내 어린 시절 말귀를 다 알아들을 무렵에 있었던, 정말 내게는 아무것도 아니지만 어머니 가슴속에는 한이 되셨던 이야기 하나를 꺼내놓으셨다.

내가 두세 살쯤 되어서 아장아장 걸을 무렵 우리 집에 오셨던 동네 어른이 너무 귀엽다며 좀 업어줘야겠다고 내 앞에 등을 내미시며 "어부~바"를 하셨단다. 말귀를 좀 일찍 깨우쳐 집안에 작은 심부름까지 하던 아이가 그분의 "어부~바"라는 말에 눈만 멀뚱멀뚱 뜬 채 뭘 할지 모르고 서 있었다고…. 그 모습을 보는데 어머니는 영리한 녀석이 좀처럼 들어보지 못한 생소한 "어부~바"라는 말을 이해하지 못하고 아무것도 안 하고 서 있기만 하니 그런 내가 얼마나 안쓰럽고 짠했던지 그분 앞에서 내색은 못한 채 너무나 깊은 속울음을 우셨다고 한다.

그게 뭐라고. 그깟 어부바가 뭐라고 내 어머니는 사랑하는 아들을 등에 업어주며 키우지 못한 한이 평생을 가슴에 남았다고 하셨다. 일평생 바다보다 너른 등을 내게 내어주시고 그래서 그 사랑으로 오늘의 내가 있건만 우리 어머니의 가슴속에 '어부바'는 그저 마음속으로만 속삭일 수 있었던 커다란 울림이었던 것이다.

앞의 어부바가 슬픔이라면 그것과는 비교도 되지 않을 커다란 슬픔, 그리고 그 슬픔이 지금의 내게는 너무나 커다란 당신의 사랑으로 각인된 사건이 1979년 내가 일곱 살 되던 해에 있었다.
어머니는 그해 가을 갑작스레 발병한 폐결핵으로 급히 경희의료원에 입원하게 되었고, 몇 주였는지 한 달이었는지 정확치는 않지만 부득이하게 집을 떠나 입원해야 하는 상황이 되셨다. 그 당시 나와 일곱 살 차이인 큰누나는 중학교 1학년, 작은 누나는 초등학교 4학년이었고 우리 집은 좁은 집에서 막 벗어나 마당이 딸린 조그만 단독 주택으로 이사를 한 상황이었다.

결핵 치료가 끝나갈 무렵 경희의료원(현재 경희대 병원) 담당의사는 아버지와 어머니께 어머니의 다리에 대해 다른 과 담당의사와 상의해본 결과 1~2년 장기적으로 치료하면 병원에서 걸어 나갈 수 있을 거라며 치료를 권했다고 한다. 당연히 아버지는 어머니가 기뻐하며 치료를 받을 거라고 생각하셨는데 어머니는 치료기간이 1~2년이 걸린다는 말에 두말 없이 진료를 거부하셨다고 한다. 본인이 거동이 불편하시기에 병원에 장기 입원을 해서 치료를 받아야 하는데 그럴 경우 첫째는 어린 세 자녀를 돌봐줄 사람이 없고, 둘째는 그럴 경우 막대한 병원비로 이제 막 셋방살이에서 벗어나 아이들 편하게 자라날 집을 장만했는데 부득불 다시 셋방살이로 아이들 눈치 보며 자라야 할 것을 염려해서 진료를 거부하셨다고 한다. 이미 10년을 집에만 갇혀 지내온 분이 이제 1~2년만 고생하면 걸어서 나갈 수 있다는데도 끝까지 검사와 진료를 거부하자 담당 주치의께서는 정신에 문제가 있는 것은 아닌지 정신과 진료를 받아보라고 하실 정도로 주변 사람들은 어머니의 진료 거부를 이해하지 못했다.

이 사실을 뒤늦게 어른들끼리 하시는 말씀을 듣고 알게 된 나는 그 당시 철없던 어린 마음에 하마터면 엄마와 1~2년 동안 헤어져 있을 뻔했다는 생각에 크게 안도하며 혹시나 엄마가 다시 병원에 갈까봐 노심초사했었다. 그런데… 내가 나이를 먹어가고, 철이 들고, 결혼해 부모가 된 지금 그 당시 어머니의 마음이 어떠하셨을지 생각해보면 가슴 깊은 곳에서부터 너무나 큰 슬픔이 치밀어 올라오는 것을 막을 수가 없다.

"바보!"
내가 보기에 세상에서 가장 지혜로운 어머니셨던 그분은, 정작 당신의 문제에 대해서는 철저히 바보셨다. 진료를 거부했던 그때 나이가 37세, 이미 10년을 너무나도 불편했을 장애의 몸으로 지내놓고 다시 언제까지일지도 모르는 남은 인생을 그대로 살겠노라 결정하셨을 때 내 어머니의 마음은 어떠했을까? 그럼에도 불구하고 우리 집안엔 항상 밝고 낙천적이셨던 어머니 덕분에 가정의 분위기가 너무나도 좋았었다. 우리 앞에서는 항상 밝게 웃는 모습이셨지만 아버지와 우리 삼남매가 직장과 학교로 나가고 혼자 덩그러니 남은 집에서 내 어머니는 얼마나 많은 눈물을 흘리셨을까? 그 마음을 조금 더 일찍 깨달아 알지 못한 나 스스로에게 무척 화가 났다.

그렇게 진료 거부를 하신 어머니는 그 후 20년을 우리와 함께 더 계시다가 57세라는 너무도 이른 나이에 소천하셔서 지금은 그 그리운 음성과 사랑스런 웃음을 뵈올 수 없게 되었다. 두 딸들 모두 결혼해서 출가시키고 하나뿐인 아들의 며느릿감을 확정하고 결혼식 날짜까지 확정한 후 내 어머니는 그렇게 또 갑자기 몸이 허약해지시더니 급히 우리 곁을 떠나신 것이다. 아마 이제 이 땅에서 당신이 하실 일을 모두 마쳤기에 더 이상 장애가 없고 불편이 없는 하늘나라로 바삐 떠나시듯 우리에게 커다란 아쉬움을 남겨두고 조용히 떠나가셨다. 이제 막 사회 초년병으로 자가용을 사서 미숙한 운전으로 어머니를 모시고 간신히 신촌 외할머니 댁에 다녀온 후 "엄마, 이제 내가 운전 익숙해지면 엄마 연애하실 때 다니셨던 서울 시내랑, 종로, 광안리 다 모시고 다닐게요. 조금만 기다리세요"라고 약속해놓고 얼마 지나지 않아 아들의 운전이 익숙해지기도 전에 떠나가신 그분.

어머니가 돌아가시고 하루는 문득 어린 시절을 추억하다가 내가 우리 어머니 등에 업혔던 기억이 나기 시작했다. 일어나실 수 없으셨기에 앉은 채로 "어부~바" 해서 그 등에 업히면 흔들흔들 등을 좌우나 앞뒤로 흔들며 나를 업어주셨던 기억! 이 기억이 내게 남아 있다는 것은 적어도 내가 어린 날을 기억하는 5~6세 때 정도는 되지 않았을까 싶다. 얼마나 아들을 등에 업어주고 싶으셨으면….
본인의 일생의 불편을 감수하고 당신의 등만 어부바로 내어주신 것이 아니라 당신 삶 전체를 "어부~바" 하며 내어주신 사랑. 어린 자녀들 힘들까봐, 박봉에 야근을 하며 열심히 가족을 부양하는 남편 지칠까봐 당신 몸 불편하신 것에도 불구하고, 당신 삶의 우울함이 너무나도

컸을 것임에도 불구하고… 우리 앞에서만큼은 늘 밝음을 잃지 않으려고 애쓰셨을 당신.

이제 내가 그때의 어머니의 나이가 되고 보니 그것이 얼마나 어렵고 힘든 일이었을지 어슴푸레하게나마 느낄 수 있게 되었다. 지금이야 24시간 TV도 나오고 인터넷을 이용해 유튜브나 각종 영상 볼거리들이 무수히 쏟아져 나와 집에 있는 시간이 그리 지루하지 않을 수 있다지만 그것도 아마 몇 년, 아니 몇 달만 그렇게 지나면 더 이상 그것을 참지 못하는 상황이 될 것이라고 생각한다.

그런데 지금부터 40여 년 전, 신문, 책 외에는 긴 하루를 보낼 여가활동도 변변찮았을 시절, 너무나도 길었을 하루하루를 밝게 살아내신 내 어머니.

이제 얼마 후 하늘나라에 가서 내 어머니를 다시 만나면 그때 나는 비로소 어머니 앞에 내 등을 내밀고 이렇게 외치고 싶다.

"엄마, 어부~바!"

입선

이병옥

어부바의 삶, 엄마라서…

"이모! 이모! 할머니가 쓰러져서 병원 가셨대! 아랫집 할머니가 119 차에 할머니 태워 보내드리고 방금 전화 하셨어. 빨리 와, 빨리!"

엄마가 쓰러지셨다는 조카의 울먹이는 전화에 나는 뭐부터 해야 할지 몰라 핸드폰을 손에 쥔 채 털썩 주저앉아 멍하니 천장만 바라보았다. 심장박동의 울림은 머리끝까지 흔들리며 쿵쿵대기 시작했고 눈물은 사정없이 흘러내렸다. *끄윽끄윽* 숨 막히는 오열이 목에서 터져 나왔다.

"엄마! 엄마! 엄마!…."

엄마는 그해 여든세 살이었다.

평생 직업군인으로 강원도 전방 지역에서만 근무하시던 아빠는 몸이 안 좋아져서 정년을 몇 년 앞두고 조기퇴직 하셨다. 퇴직 후 건강관리하시겠다며 잠시 쉬시겠다고 하더니 우리도 모르게 천안의 모 대학에서 경비 일을 시작하면서 오히려 건강이 다소 회복되는 듯했다. 60 후반의 나이에 백내장 수술까지 한 눈으로 경비지도사 자격증을 취득하고 경비반장이라는 직책을 맡으면서 우리 가족 모두 아빠가 일하고 있다는 사실을 알게 되었고, 예전의 군 생활 때와 같은 활발한 모습도 다시 볼 수가 있어 기뻐했다. 아빠는 근무가 없는 날이면 엄마와 함께 복지회관에서 탁구도 치고 집 뒤 동산에 수시로 올라가 담소도 나누는 등 건강한 모습을 보이셨지만 작년 여름 갑작스런 대장암 재발로 끝내 세상을 떠나셨다.

엄마는 혼자 덩그러니 남게 되면서 식사도 거르는 경우가 많고 아빠와 함께 늘 참석해 탁구를 쳤던 복지회관도 발을 끊으신 채 부쩍 말라가고 있었다. 5형제 중에 엄마가 살고 있는 천안과 가장 가까운 거리인 대전에 살고 있는 나는 일주일에 한 번씩 꼭 찾아가서 같이 밥도 먹고 반찬도 준비해가서 냉장고에 넣어놓고 오곤 했다. 그러나 그다음 주에 가서 냉장고를 열어보면 아예 건들지도 않은 반찬통이 내 속을 바짝바짝 태우기도 했다. 집에서도 아기용 보행기에 의지해야만 움직임이 가능하니 그럴 수 있겠다 속으로 생각하면서 다시 냉장고에 반찬통을 교체해놓았다. 그나마 어릴 적부터 엄마가 도맡아 키워온 조카가 결혼해서 엄마 근처에 살면서 수시로 엄마에게 찾아가서 말벗도 해드리고 누룽지나 죽을 사서 드리며 다른 별일은 없는지 소식도 전해주고 해서 조금은 안심하고 내 직장을 다닐 수가 있었다.

아빠가 군인생활을 하시면서 우리 가족은 철원, 인제, 원통 등 전방 지역 인근에서 오랫동안 살아야 했는데 엄마와 우리 5남매는 밤마다 북한에서 방송하는 대남방송을 들으며 어린 시절을 보냈었다. 태어난 곳도 거리만 좀 다를 뿐 모두 철책 지역 부대 인근 마을에 있는 조산소였다. 5남매 중 셋째인 나는 공부도 잘했고 겨울이 되면 스케이트를 잘 타서 학교 안에서도 늘 인기가 많았다. 시골 학교는 대부분 농사를 짓는 집안의 아이들이기에 스케이트를 타는 아이들은 얼음판에서 두세 명에 불과했고 대부분 썰매를 직접 만들어서 탔다. 아빠가 군인이기 때문에 시골에서는 좀 있는 집안으로 인정을 해주고 그래서인지 엄마는 나에게 스케이트를 사주셨고 겨울만 되면 엄마와 함께 손을 잡고 부대 앞 스케이트장에서 하루 종일 타곤 했었다. 3학년 때인가 스케이트 강원도 대회에 나가서 우승을 했을 때 엄마는 깡충깡충 뛰면서 엄청 기뻐하셨다. 대회가 끝나고 내 발이 퉁퉁 부르튼 것을 보시곤 학교에서 집에까지 다 큰 나를 업고 오셨다. 학교에 입학하기 전에도 조금이라도 내가 아프기만 하면 늘 포대기에 싸서 등에 업어주셨던 엄마였고 똑같은 엄마의 등이지만 엄마 등이 이렇게 따뜻하고 포근했는지 새삼 알게 된 날이었다. 내 볼을 엄마 등에 딱 붙이고는 "엄마, 참 따뜻해요. 따뜻해, 엄마…" 이렇게 중얼거리다 곤히 잠에 빠져버리기도 했다.

엄마 아빠가 이모들이 살고 있는 천안으로 처음 이사 왔을 때 천안으로 엄마를 보러 가면 먼저 보살펴야 할 분은 엄마보다 아빠였다. 엘리베이터가 없는 5층 연립주택에서 1층까지 내려올 때면 아빠는 누군가의 부축을 받아야만 했다. 그래서 아빠는 한 손은 계단 난간 봉을 잡고 한 손은 내 팔을 잡고서야 오르내릴 수가 있었다. 평일에는 복지시설에 근무하시는 분들이 번갈아 오셔서 식사도 같이 해주시고 햇빛을 쐬어주기 위해 집 밖으로 외출할 때 부축까지 다 해주시기도 했다. 한쪽 팔에 힘이 없어 계단 난간의 봉조차 잡을 힘이 없게 됐을 때는 아빠를 들쳐 업기도 했다. 난생처음 아빠를 업었다. 오른쪽 어깨 쪽으로 아빠를 반 정도 업고 손으로 허리를 감싸 한 발 한 발 그렇게 햇빛을 쐬러 나갔다 오곤 했다. 아빠는 그나마 체구가 작아서 그렇게 어렵지가 않았다. 그리고 아빠가 돌아가시고 나서는 엄마를 업었다.

어릴 적 나를 따뜻하게 업어주시던 그 등이 아닌 엄마 가슴을 내 등에 대고 어부바를 했다. 처음에는 엄마가 나를 어떻게 업을 거냐며 등을 때리시며 밀쳐내셨다. 그렇지만 아기용 보행기에 의지하며 걷는 것조차 불편하고 현기증으로 두세 번 넘어지고 나더니 결국 내 등에 업혀 계단을 내려다녔다. 업을 때마다 더 가볍게 업을 수 있는 엄마의 몸무게에 놀라 눈물이 왈칵 솟았다. 별 무게감 없이 가벼운 엄마지만 나는 집으로 돌아오면 종아리에 알이 배기고 뻐근해져서 늘 파스를 붙이고 자야 했고 한의원의 허리 치료는 단골이 됐다. 몇 년 전만 해도 엄마에게 나이 드셔서 살찌면 이런저런 병 생긴다며 제발 음식 좀 많이 먹지 말고 조절해 드시라고 구박했었는데 아빠가 떠나고 난 이후의 그 짧은 세월이 엄마 몸을 가볍게 만들어놓았다. 엄마는 암도 아니고 특별히 아픈 곳도 없었다. 그냥 힘이 없고 식욕도 없어 밥을 못 먹고 무기력해지는 게 문제였다. 병원에 진료를 가도 조금씩이라도 식사를 할 수 있도록 하라는 게 전부였다. 그러나 엄마는 암보다 아빠 없이, 가족 없이 혼자 사는 게 더 무서웠던 것 같다. 내가 천안에 가서 얼굴

을 보며 같이 마주앉아 미음이라도 조금씩 입에 넣어드리면 그나마
서너 숟갈 뜨는 게 고작이었다. 어쩔 수 없이 평일에 나 혼자 한 번,
주말에는 남편과 함께 엄마에게 갔다. 그렇게 일주일에 두 번 찾아가
서 억지로라도 한두 숟갈 드시게 하고 나머지 날은 조카에게 좀 가서
드시게 해보라고 했지만 막바지에는 조카를 보고 내 이름을 부르기도
했다. 엄마를 업을 때마다 하루하루가 다르게 점점 더 업기가 쉬워짐
이 느껴졌다. 어깨를 잡아도 뼈가 잡혔고 엉덩이를 잡아도 손끝으로
딱딱한 뼈가 닿는다.

엄마는 내가 어릴 적 몸이 아파 나를 어부바 해줄 때면 나를 업고 좌로 우로 엉덩이를 흔들면서 어깨 뒤로 나를 쳐다보며 항상 웃으셨다. 나는 엄마가 쳐다보는 반대 방향으로 얼굴을 숨기며 엄마 등에서 하는 숨바꼭질을 즐겨 했다. 어떨 때는 엄마 등에 업히고 싶어 몸이 좀 오랫동안 아팠으면 좋겠다는 생각도 했었다.

이제 세월이 지나 내가 엄마를 업는다. 엄마는 여전히 쑥스러워하신다. "에이그, 내가 너한테 업혀서 이렇게 사느니 얼른 아빠한테 가버려야지… 어째 죽는 것도 이리 힘든 거니~ 나 원….."
엄마는 그렇게 석 달 정도 나에게 잘 업히고 현기증으로 몇 번 쓰러지신 후 아빠가 돌아가신 지 1년 3개월 만에 결국 아빠 곁으로 가셨다. 11월임에도 그렇게 많은 눈이 내리기는 처음인 듯했다. 천안에서 대전 현충원으로 가는 길이 가다 서다 하며 세 시간은 걸린 듯했고 엄마는 아빠 옆에 나란히 묻혔다. 아빠를 어부바하고 보내드리고, 엄마도 어부바하고 보내드리고…. 내 등에 어부바하신 두 분이 이제 나란히 한곳에 누워 계신다.

엄마아빠 생일날이나 현충일, 추석과 구정, 그리고 돌아가신 날은 현충원으로 찾아뵙는다. 가까이 있으니 아무 때나 보고 싶을 때 갈 수 있어 너무 좋다. 갈 때마다 엄마가 좋아하는 노란 꽃, 아빠가 좋아하는 파란 꽃을 사가지고 간다. 한참을 앉아 엄마아빠와 함께 찍은 가족 사진을 바라본다. 그 안에 남편과 두 딸, 두 사위와 두 외손자가 웃고 있다. 두 딸은 어릴 적에 거의 업어준 기억이 없다. 그중 큰딸은 어디를 가기만 하면 내 다리만 붙잡고 다녀서 어쩔 수 없이 업어주기도 했지만 시댁에 가서도 거의 일을 하지 못할 정도로 쫓아다니며 징징대더라도 내가 옆에만 앉아 있으면 업어달라고 하지는 않았었다. 막내딸은 어릴 적 남자애처럼 잘 뛰어다니고 잘 놀았다. 그래서 명절 때 입는 한복도 남자 옷으로 입히고 머리도 남자애들처럼 가꿔줬다. 업어줄 일도 거의 없이 잘 커줬다. 딱 한 번, 딸의 손을 잡아끌다가 팔이 빠졌었다. 아프다고 울고불고 하는 딸을 병원으로 데려가 의사가 팔을 다시 맞춰줄 때 사정없이 울어대는 딸을 보며 나도 울었다. 그러곤 그날 저녁 미안한 마음에 밤새 딸을 업어주며 등에서 재운 적이 있었다.

울며불며 눈이 퉁퉁 붓도록 울어댔던 어린 막내딸이 언니보다 먼저 결혼해서 외손자를 낳았다. 결혼 후 사위 직장이 있는 곳에 신혼살림을 차렸는데 그곳은 우연히도 엄마가 살았던 천안이었다. 너무 어린 나이에 결혼한 탓에 나는 다시 또 일주일에 한 번씩 이것저것 외손자가 먹을 반찬거리를 준비해서 막내딸 집을 찾아갔다. 엄마에게 달려갔던 그 길이기에 가는 길은 어렵지가 않았다. 3년 만에 천안을 향해 다시 또 달려갔고 그리고 다시 외손자를 어부바해준다. 하룻밤을 자면서 원 없이 놀아주고 업어주고 온다. 외손자는 내 등판에서 이리저리 몸살이다. 나는 허리도 씨근대고 다리에 통증이 더 심하게 온다.

집에 돌아오는 길은 너무 아쉽고 눈물까지 난다. 외손자는 시키는 대로 손을 흔들어주지만 발걸음이 쉽게 떨어지지가 않는다. 또 다음 주 만남을 약속하며 차에 시동을 켤 때 딸도 일주일에 한 번의 만남이지만 헤어질 때는 외손자를 등에 업고 늘 눈물이 글썽인다. 학교생활 때 말썽도 많이 피우고 직장생활도 잘 적응을 못해 서너 번 이직을 한 철

부지이지만 그래도 결혼해서 엄마가 되고 엄마 마음을 알게 되니 늘 엄마랑 같이 있고 싶고 엄마가 먼 길을 운전하고 온 그런 모습이 안쓰러웠던 모양이다.

막내가 결혼하고 3년 뒤 큰딸이 결혼을 했고 우리 집 가까이에 신혼 살림을 차렸다. 사위의 직장은 세종시이지만 큰딸이 엄마 옆에서 육아를 편안하게 했으면 하는 사위의 마음과 내년에 육아휴직이 끝나고 복직을 하게 되면 엄마에게 육아를 부탁할 것을 목적으로 딸이 나서서 우리 집 옆으로 정한 듯했다. 세종시로 정하면 사위가 출퇴근하는 것은 편하겠지만 정작 대전에 사는 사돈 부부가 세종시에서 한의원을 하는 큰아들의 집에 수시로 드나들며 손녀를 돌봐주며 며칠씩 자고 오기도 하는데 그럴 때마다 작은아들 집에 손자를 보러 올 것이 뻔할 것이라는 판단에 대한 대책이 아닐까 생각도 든다.

큰딸은 거의 4킬로미터 정도 되는 떡두꺼비 같은 아들을 낳았고 몸조리를 끝내고 퇴원하자마자 우리 집으로 달려와 짐을 풀었다. 아예 2주 동안의 기간을 정해놓고 우리 집 안방을 차지한 채 편안하게 잘 지냈고 이후 500미터 인근의 자기 집으로 돌아갔다. 그리고 그다음 날부터는 비나 눈이 내리면 차를 운전해서 오고 날씨가 좋으면 유모차에 태워 하루도 빠짐없이 우리 집으로 달려온다. 나는 막내딸의 외손자를 등에서 내려놓자마자 다시 큰딸의 외손자를 어부바하기 시작했다. 주말을 제외하고 하루 반은 천안에 가서 작은 딸 외손자와 놀아주고, 3일 반은 큰딸 아기를 업어주는 것이 나의 새로운 일상으로 굳혀졌다. 아마도 내 인생에 마지막 어부바가 되지 않을까 생각이 든다.

더 세월이 흘러 내가 걷지 못할 때 어느 누가 나를 어부바해줄까 생각해보니 그냥 피식 웃음만 나온다.

책장을 뒤적거리다 대학시절에 즐겨 읽었던 시집을 꺼내들었다. 조현상 시인의 〈어부바, 세월아〉라는 시가 눈에 들어왔다.

너는,
지칠 줄도 모르는 들소인가 봐,
쉬엄쉬엄 가자고 손짓해도 못 들은 척
숨차게 달려가고 있는 내 생의 동반자야.
가야 할 이정(里程)이 스쳐간 화살보다 적은데
속도를 줄여주지 않는 고집불통 세월아,
이제는 내 작은 등에 어부바!
널 업고 가려네…

그동안 나 역시 지나온 세월을 지칠 줄 모르는 들소인 양 못 들은 척 고집불통 세월을 어부바하며 살아왔던 것 같다. 아빠를 어부바해서 보내고 엄마를 어부바해서 보내고 두 딸을 어부바 해주고 두 딸이 난 두 외손자를 어부바하면서 보내온 그 모든 시간들이 다 나에게 주어진 세월 속에 주어진 양이었다. 나는 그 세월을 이 작은 여인의 등에 올려 지금껏 살아왔고 이제 누구의 등에 어부바를 해야 할까 두리번거리고 있다.

늘 업고 다니던 외손자가 이제 작은 발자국을 떼며 놀이터까지 혼자 뒤뚱거리며 걸어간다. 안타까운 마음에 손을 벌려 어부바 어부바하며 등을 내주어도 외손자는 손을 내저으며 고개를 설레설레한다. 짧은 세월 안에 넘어질 듯하면서도 넘어지지 않고 등에서 내려와 걷고 있는 외손자가 대견하고 감사할 뿐이다. 뒤돌아 생각해보니 나의 몸은 이미 할머니가 되었지만 내 안에 마음은 아직 다 자라지 못한 등에 기댄 어린아이인 듯하다. 긴 세월 동안 어부바만 하며 살아왔지만 이내 나의 지친 마음만이라도 누가 업어줄까 하며 좌우로 찾고 있음을 알았기 때문이다. 이제 막 뒤뚱뒤뚱 걷기 시작한 우리 외손자는 내가 살아온 길고 무거웠던 세월이 아닌 조금은 천천히, 그리고 그 무거운 세월을 등에서 내려놓고 생에 동반자를 품고 이겨내며 잘 살아주길 간절히 바라는 마음이다.

입선

장현미

너와 나의 마지막 꽃길

12월, 타 지역으로 이사를 앞두고, 학교 입학을 앞둔 여덟 살 딸아이가 소아암(악성 뇌간 종양) 진단을 받았다. 생존 10% 미만이라는 입에 담기도 귀에 듣기조차 거부되는 그 비참함과 슬픔은 구토를 유발했고, 몸의 모든 신경이 찢겨져 나가는 것 같았다.

인간의 이기심과 희망이 교차되며, 당장 여기서 내가 사라져버렸으면, 분명 오진일 거라는 거짓 희망을 꾸역꾸역 구겨 넣으며 안정을 찾으려 발버둥을 쳤었다. 감출래야 감출 수 없는 나의 고통을 아이가 마주하고 있었다.

안타깝게 바라보던 간호사 선생님이 아이를 다른 곳으로 데려가 좋아하는 그림을 그리게 해주었다.

뒷날 간호사 선생님이 아이의 그림을 문자로 전송해주었는데 그림

속에는 울고 있는 나의 모습과 '다 거짓말이야'라는 글이 쓰여 있었다. 그 그림을 보고 다시는 아이 앞에서 울지 않기 위해 안간힘을 썼던 것 같다.

그렇게 우리의 모든 일상이 멈추고 서울로 올라가 여러 군데 병원을 다니며 재검사를 하고 1%의 치료 가능성의 문을 찾아 열심히 두드렸다.

'신의 영역'이라는 아이의 병명에 대한 의료진의 답은 한결같았다. 결국 1%로도 되지 않는 희망을 붙잡고 두 번의 대수술을 했고 후유증으로 몸은 마비 증세가 나타났다. 온순하고 인내심이 강했던 아이는 어떤 치료든 거부 없이 치료에 협조하며 고통을 이겨내고 있었다. 그러던 아이가 가장 힘들어했던 것은 타인의 시선이었다.

운동량을 채워야 하기에 낮엔 재활치료를 받고 밤에는 병실 복도를 걷는 운동을 해야 했는데 병실 복도를 걸을 때면 고개를 푹 숙이고 울먹였다.

"엄마, 그냥 병실에서 하면 안 돼?"

수술로 인해 밀어버린 머리, 흉터, 굳어버린 몸, 그런 자신의 모습을 측은하게 바라보는 눈, 용기를 주는 말도 아이에게 상처가 되어 병실로 도망가고 싶어 했다. 그렇지만 나는 그 시간을 버릴 수 없었다.

'분명 우리 아이는 다시 정상으로 돌아올 텐데…. 분명 이렇게 열심히 치료 받다 보면 선물 같은 일상이 다시 찾아올 텐데….'

아이가 그렇게 울먹이면 복도 끝 난간이 있는 창문으로 몸을 올려 바깥세상을 보여주며 나와 같은 동일한 희망을 놓지 않기를 바라고 또 바랐다. 하지만 아이는 여전히 그 시간을 너무 힘들어 했다.

그러다 아이와 함께 옛 사진들을 보다가 내 등에 업혀서 침을 흘리고 방긋, 쪽쪽이를 물고 방긋, 세상 평안한 모습으로 과자를 손에 쥐고 방긋, 밥풀 하나 묻히고 좋아서 방긋, 땀을 뻘뻘 흘리면서 내 등을 흠뻑 적시며 잠든 모습들이 내 마음의 불안을 잠시나마 거둬들였다.

그리고 그날 밤부터 복도에서 걷는 운동을 멈추고 아이를 업었다. 아이가 진단을 받고 각종 검사와 수술 치료로 겪었을 불안은 내 불안과 비교할 수 없으리라. 얼마나 무서웠을까…. 내 손을 놓고 수술과 방사선 치료를 홀로 견뎌내며 그 작은 심장이 얼마나 견디기 힘들었을까. 그 두려움을 잠시나마 잊게 해주고 싶었다. 아이를 향한 절대적인 나의 사랑이 머무는 나의 등 뒤 작은 세상에서 어느 곳에서도 느낄 수 없는 그 평안을 누리고 누릴 수만 있다면….

처음 굳어진 몸을 업는 일 자체가 쉬운 일은 아니었다. 아이도 나도 서로 불편할 수 있었지만 그건 익숙해지면 괜찮다 싶었다. 아이는 내 건강을 걱정하며 업히지 않으려 했지만 내 고집을 꺾을 순 없었다. 아이를 업고 한 발 한 발 복도를 걸으며 천국과 지옥을 반복해서 걸어가는 느낌이었다. 걸음 하나에 눈물 한 방울을 밟으며…, 사진 속 세상 행복해 보였던 내 딸의 미소를 떠올리며….

주위의 아무것도 보이지 않았고 들리지 않았다. 그런 내 마음을 알았는지 아이의 경직된 몸과 마음이 부드러워지며 내 등에 기대에 오랜만에 편안한 숨을 내 쉬었다.

하루 이틀 며칠이 지나고 매일 매일 그 시간에 우린 꽃길을 걷고 있었다. 질서 없이 핀 코스모스들이 인사하는 가을 들꽃 길에서처럼 우리의 웃음은 멈추지 않았다.

아, 모든 것이 그냥 멈췄으면 싶었다. 이 모습 이대로, 지금 이대로 아이와 오래오래 이렇게 살고 싶었다. 그 길이 끝나지 않길 바랐다.

내 몸이 부서져도 사랑하는 내 딸을 업고 걷고 또 걷고 싶었다. 하지만 급작스럽게 병이 진행되었고 의식을 잃고 자가 호흡을 할 수 없는 고통의 고통을 더한 시간이 찾아왔다. 사랑하는 내 딸과 함께 웃을 수도, 안을 수도, 업을 수도 없는, 살아 있다는 증거의 모든 것이 끊겨버린 순간이 정말 오고 말았다.

그렇게 하나밖에 없는 나의 생명보다 귀한 내 딸은 가을의 문턱에서 이 땅의 소풍을 끝내고 영원한 쉼을 향한 여정을 떠났다.

가슴에 큰 돌덩이 얹은 듯 답답한 통증에 집 밖을 나가면 잎들이 바싹 말라 앙상한 나뭇가지만 보더라도 아픈 딸아이 같아 다시 집으로 발길을 돌리기 일쑤였다. 그렇게 가벼운 산책조차 큰 숙제처럼 느껴졌다. 그러다 어느 날 집 앞 공원에 멍하니 앉아 있는데 작고 고운 노랑나비 한 마리가 내 앞에 멈춰 날갯짓을 했다.

'우리 딸이 보냈을까.'

헛웃음을 웃으며 몸을 일으켜 걷는데 그 나비가 계속 내 걸음 속도를 맞추듯 나를 따라왔다. 한참을 그렇게 걸었다. 이젠 내가 나비의 속도를 의식하며 걷는다. 문득 병원 복도에서 아이를 업고 걸었던 그날들이 떠오르고 마치 내 등에 딸아이가 업혀 있는 듯한 따뜻함이 고스란히 몸과 마음에 전해졌다.

'그래 그 고통 속에 그런 시간이 있었구나…. 보이지 않지만 내 몸 구석구석에 남아, 내 곁에 함께하고 있구나.'

나비는 훨훨 높이 날갯짓하며 제 갈 길을 갔고 나는 그 앙상한 나뭇가지를 직면하는 훈련을 시작했다.

2년 뒤 첫째를 똑 닮은 둘째 딸이 태어났다. 나도 다시 태어났다. 큰

아이에 대한 그리움이 한도 초과가 될 때면 세 살이 된 둘째딸을 들쳐 업고 걷고 뛰고 모든 몸 개그를 쏟아내며 아이의 폭풍 웃음소리를 끄집어낸다.

내 자신을 위로하고 상실을 인정하는 고통을 조금이나마 해소하려는 내면의 아우성일 수 있지만 큰딸과 같은 온기를 느낄 수 있는 그 따뜻함이 너무 좋다. 열두 살이 되었을 내 큰딸과의 마지막 그 꽃길을 언젠가 아픔은 쏙 빼고 동생과 추억할 날이 오면 좋겠다.

"사랑하는 내 딸, 너를 만날 시간이 오늘 또 하루 줄었어. 지나가는 시간만큼 큰 선물은 없는 것 같아. 까르르 까르르 사소한 것에도 온몸으로 웃었던 그 웃음을 기억해. 네가 남기고 간 아름다운 마음마음

모두 모아서 엄마도 남은 삶을 잘 견뎌 볼게. 고마웠고 너무 보고 싶다. 내 영원한 꽃강아지."

친정엄마는 6명의 딸을 업고 집안일과 생계를 위해 안 해본 일이 없으시다. 엄마 등에서 자란 6명의 딸들은 또 엄마의 위업을 이어받아 흔쾌히 등을 내어주며 불멸의 모성애를 발휘하며 살아간다.

세상의 모든 엄마들과 엄마가 될 엄마들에게 오늘 하루는 세상에서 가장 따뜻한 엄마 등에 기대어 모든 분노와 슬픔과 상처와 불안을 씻어내길 소망해본다.

그 마음의 자리에 고운 꽃 한 송이 뿌리내려 귀하고 귀한 너와 나의 그 길을 걸어갈 수 있는 힘을 얻기를.

입선

최미원

'어부바' 해줄게, 이리 오렴

'또리리리' 전화벨이 울린다.

"2층입니다."

사무실 직원이 내 목소리를 알아듣고는 "여자아이 입소입니다" 하고 말한다. 또다시 심장이 두근거린다. 이번에는 어떤 아이가 들어온 것일까? 설렘과 기대감으로 사랑받기에 충분하고 마땅한 그 아이를 만나러 층계를 내려간다.

내 얼굴의 밝은 빛을 발견한 여자아이 둘이 따라오며 "또 누가 왔어요?" 하고 묻는다. "응, 여자아이래." 아이들도 나를 따라 웃으며 "와~" 한다. 우리는 빠른 발걸음을 옮긴다. 사무실에 들어가기 전 따라온 아이들에게 "금방 나올게" 하자 아이들은 미소 지으며 서로를 바라본다.

사무실에 들어서자 사무실 직원이 고수머리를 길게 풀고 있는 여자아이를 안아주고 있다. 4세 정도가 돼 보이는 아이는 '으으으' 소리를 내며 울고 있다. 그냥, 자연스럽게 안쓰러운 미소로 다가가 두 손을 뻗자 아이는 처음 보는 나에게 팔을 뻗는다. 아이를 안아주자 사무실 직원이 "전화로 상황을…" 한다. 나는 고개를 끄떡이고 아이를 바라본다. 아이가 너무 예쁘다. 쌍꺼풀이 없는 두 눈 밑 두덩은 너무 울어서 그런지 붉게 튀어 올라 있고, 아랫입술은 살짝 내민 채 계속 '으으으' 소리 내며 울고 있다. 이내 자연스레 그리고 느리게 아이를 안고 조심스레 몸을 좌우로 흔든다. 울음소리가 잦아든다.

사무실에서 아이를 안고 나오자 밖에서 기다리던 3·4학년 여자아이들이 "우와, 여자아이네. 예쁘다" 한다. 품에 있던 여자아이는 고개를 살짝 돌려 언니들을 바라본다. 그리고 다시 품을 파고든다. 아이를 안고 아이들과 함께 생활하고 있는 방으로 들어간다. 방에는 소문을 듣고 온 아이들이 반가움과 측은함, 동질감이 뭉뚱그려져 겸연쩍은 미소로 "안녕" 하고 인사를 한다. 모든 것이 낯선 아이가 다시 울음을 터트린다. 아이의 소리를 듣고 지나가던 남자 선생님이 방에 들어오자 아이는 "아빠, 아빠" 하고 아빠를 찾으며 다시 운다. 남자 선생님이 아이에게 손을 펼치자 아이는 내 품을 파고든다.

이때 사무실에서 전화가 온다. 아이 이름은 "우미구요. 우미는 어머님과 사별했고, 아빠가 혼자 아이를 키우셨는데 아이가 너무 울고 일을 다니다 보니 혼자 아이 키우기가 힘들어 1~2년만 아이를 부탁드린다고 해서 입소가 결정되었어요"라고 했다. 전화를 끊고 아이의 이름을 불렀다.

"우미야, 우리 우미 이름도 예쁘네."

하지만 우미는 계속 "<u>으으으</u>" 소리를 내며 울고 있다.

옆에 있던 남자 선생님이 "우미야, 나는 삼촌이야. 하하하" 하자 우미는 남자 선생님을 바라본다. 남자 선생님의 재치에 웃음이 터진다. 자연스레 나는 우미를 바라보며 "우미야, 맞아. 여기는 우미의 언니 오빠들도 아주 많이 있어. 우미는 혼자가 아니야. 여기 옆에 삼촌도 있고, 이모들도 있어. 우리랑 잘 지내자" 하자 우미는 천천히 주변을 돌아본다. 그리고 울음을 그친다. 중학생 언니들이 우미에게 다가와 우미를 바라보자 새침하게 고개를 돌린다.

옆에는 내가 처음 이곳에 왔을 때 나를 측은한 눈으로 바라보며 나에게 "선생님도 엄마가 버리고 갔어요?" 하던 다정하고 순수하지만 도도한 효희가 다른 아이와 인형놀이를 하고 있다. 슬쩍 옆에 앉자 효희는 우미를 바라보며 웃는다. 효희는 우미에게 "오늘 새로 왔어?" 하고 살짝 쳐다보다가 다시 인형을 매만진다. 우미가 효희를 바라본다. 그리고 나의 품에서 내려 효희에게 다가간다. 식사 종이 울리고 1층에서 "저녁 먹어요" 소리가 들려온다. 효희가 "우와, 저녁 시간이네" 하자 우미는 나를 바라본다. "우미야, 업어줄까" 하자 우미는 고개를 끄덕인다. 우미를 업고 식당으로 간다.

우미는 그렇게 보육원에 왔고 보육원 언니들과 친구들, 동생들과 어울려 잘 적응했고 추억을 만들며 잘 지냈었다. 천사 같은 아이들, 아이들은 천진난만한 감성과 웃음을 지어 보이기도 했다. 즐거운 미소로 노래를 부르기도 했고 축복된 눈짓 미소로 서로를 온통 비추고 있었다. 하지만 때로 부모님이 보고 싶어 울음이 터져버린 날에는 아이를 업고 운동장을 돌며 노래를 들려주기도 했다. 아이는 우리에게 업혀 등에 기대 보고픔을 달래기도 했다. 그런데 그날 눈이 내렸다. 아이는 울고 마음이 슬펐다. 그런데 운동장에 돌고 있는 모습을 건물 안에서 보았는지 다른 선생님이 우산을 들고 와 뒤에서 조용히 우산을 씌워주셨다. 아이는 하염없이 내리는 눈을 보며 보고픔을 계속 달랬다.

너무 예쁜 남매도 있었다. 아버지와 어머니의 이혼으로, 아버지와 함께 살던 남매는 아버지가 간암으로 사망하자, 보호자가 없는 상태가 되었다. 병원의 의뢰에 의해 어머니를 찾기까지 여기에 있게 되었다. 오빠는 여동생을 '아버지'처럼 돌봐주었다. 함께 나들이를 나갔을 때였다. 친구들이 앞서가고 여동생과 거리가 멀어지자 오빠는 여동생에게 '업혀' 했다. 5학년 오빠는 2학년 여동생을 업고 친구들과의 거리를 좁혀갔다. 아이에게 다가가 말을 건넸다. "너도 힘들 텐데…." 아이는 의젓하게 "저는 괜찮아요. 동생이 약하니까 돌봐줘야죠" 했다. 아이의 성숙한 마음씨에 나의 눈은 뜨거워졌다.

단단하고 냉혹한 시멘트 바닥에 부딪혔던 경험을 가진 아이들은 더 성숙한 마음의 미소를 가지고 있었고, 관심을 가지고 다가서면 아팠던 이야기를 들려주기도 하고, 마음 아팠던 친구에게 다가가 친구가 되어주기도 하며 서로의 마음을 '어부바'하고 있었다. 아이들의 '예쁜 짓'을 함께하는 일은 아이들과 함께할 가족의 몫이었지만 고스란히 함께하는 사람들이 받고 있어 '이런 축복을 온전히 누려도 되나' 싶을 때도 있었다. 이내 빛나는 아이들의 순간을 사진으로 담아두기도 하고, 아이들의 앨범을 만들어주기도 하였다. 사랑과 칭찬을 마구 쏟아부어주면 아이들은 빛나는 미소를 지으며 힘껏 자라났다.

중·고등학생이 된 우리 아이들 중에는 상처의 상자 속에 갇혀 어두운 얼굴빛이 되기도 했다. 그러면 상담 전문 선생님이 상담시간을 가지며 '마음의 어부바'를 받기도 하고 자원봉사 선생님들과 활동하며 자신의 별에 묻었던 먼지들을 씻어내고 다시 '빛내기'를 하기도 했다.

아이들 중에는 학대를 경험한 아이들도 있었다. 방임, 의료 방임, 신체 학대, 성 학대, 정서 학대로 생체기가 난 아이들이었다. 그런데 그 아이가 없어졌다. 등골에서 땀이 주르륵 흘러내렸다. 어디를 간 것일까 원을 다 돌고 세탁실, 옷방, 주방, 식당을 다 돌아보아도 없었다. 그런데 쓰레기장에 누가 누워 있는 것이 보였다.

어둑해진 밤인데 덜컥 겁이 났다. 무슨 일인지 쓰레기장으로 뛰어갔다. 거기에 은희가 누워 있었다. 은희의 상태를 살펴보았다. 은희는 다친 곳은 없어 보였다. 얼굴은 눈물로 범벅이 되어 있었다.
조용히 다가가 앉았다. 머리카락을 만져주며 무슨 일이 있었는지 물었다. 은희는 "나는 쓰레기에요" 했다. 나는 정색한 얼굴로 은희를 안고 "너는 너무나 소중한 사람이야. 너는 내가 사랑하는 아이야." 그러자 다시 울음을 터트리며 말했다.
"우리 아빠는 나를 때리면서 항상 그랬어요. '너는 쓰레기야. 너는 쓰레기통에 버려야 돼, 너는 쓰레기니까'라고요."

나는 다시 은희를 꼭 안으며 "은희는 쓰레기가 아니야"라고 말해주었다. 다시 은희를 안으며 노래를 불렀다. "은이는 사랑받기 위해 태어난 사람 지금도 그 사랑 받고 있지요~" 노래를 듣던 은희는 내 품을 파고들었다. "그래, 우리 은희는 소중한 사람이야. 이제 들어가자" 하자 은희는 내 손을 잡고 일어섰다. 우리는 함께 손을 잡고 숙소로 돌아왔다.

사랑스런 아이, 사랑받기에 족한 아이, 우리의 가슴을 뜨겁게 하는 그 아이들은 가까이에 있는 이의 '어부바'를 하며 그렇게 자라갔다. 어떤 아이는 원하는 대학에 들어가기도 했고, 기숙사가 있는 일자리에서 일하게 되기도 하고, 간호사가 되기도 하고, 기술자가 되기도 했고, 또 아직 '어부바'가 더 필요한 아이들은 방황의 시간이 좀 더 걸리기도 했다. 밝고 사랑스런 미소로 때로는 눈물 섞인 모습으로 자라는 아이들, 아이들은 서로를 그리고 가까이 있는 이의 '어부바'를 주고받으며 그렇게 자라갔다.

'그래, 네 마음을 알겠어.' '업혀'라는 말은 아마도 누군가는 10년이 20년이 걸려도 서로에게 하지 못하는 말인지도 모른다. 하지만 누군가는 1분 안에 서로의 마음을 알아버리고 '어부바'를 해주어 잘 지내도록 할 수도 있다. 우리가 그 아픈 심정 가까이에서 '어부바'해줄 수 있는 품는 마음을 가지게 되는 것은 아픈 마음 때문에 다른 이의 아픔을 안을 큰 그릇이 되어 사는 맛을 더해가고 있기 때문일 것이다.

입선
최운정

내 인생의 어부바

내게는 '수호천사'라는 단어를 들으면 떠오르는 한 분이 있다. 지금도 생각하면 가슴 따뜻해지고 어떻게 해서든 한 번 찾고 싶은 분이지만 가능성이 있을지 미지수다.

때는 바야흐로 1995년 고2 때이다. 우리 때는 고등학교가 근거리 배정이 원칙이 아니라서 주소지와 상관없이 배정 되던 때였다. 나는 집에서 버스를 두 번 갈아타야 하는 학교에 배정받았는데 그로 인해 배정통지서를 받고서 펑펑 울었던 기억이 난다.
학교가 명문이냐 아니냐를 떠나서 그 학교는 조금 외진 곳에 위치했고 좁은 골목길로 되어 있었다. 배차 간격이 너무 큰 버스가 2~3대 다니는 곳이라 처음부터 암담했다. 다행히 1학년 때는 스쿨버스가 광주시내 구석구석을 돌며 우리들을 태워주었다.

그런데 고등학교 2학년 1학기가 끝날 무렵 재정난의 악화로 스쿨버스를 학교 측에서 없앴고 나와 친구들은 야간 자율학습이 끝나자마자 막차 시간이 임박한 버스를 타기 위해 달리기를 해야 했다. 그때는 부모님이 학교에 데리러 오던 풍경이 지금처럼 흔한 시절이 아니어서 학교 밖에서 기다리고 있는 어떤 반 친구의 부모님 자가용을 부러움의 눈길로 바라보며 뛰곤 했다.

같이 가는 친구들이 있어서 차츰 그 생활에 적응도 하고 나름 즐거움도 생겼는데, 어느 날 우리 반 아이들이 여러 가지로 담임선생님의 사랑의 잔소리와 훈화를 들을 일이 생겨서 종례가 너무 늦어졌다. 계속 시계를 보며 빨리 끝나기만을 기다리는데 너무 초조해졌다. 무사히 종례를 마치고 죽어라고 뛰어서 간신히 마지막 버스를 탔다.

버스 환승을 위해 정류장에 내려서 두 번째 버스를 기다리는데 시계를 보는데 왠지 막차가 지나간 것 같았다. 그래도 방법이 없어서 계속 서 있었다. 함께 기다려주던 친구들도 미안해하며 저마다 집으로 갈 버스를 타고 가버리고 정류장에 가득했던 인파들이 구름 떼처럼 사라져갔다. 시간은 12시가 다 되어가고 안 되겠다 싶어서 집으로 전화를 걸었다. 우리 때는 휴대폰이 없던 시절이라 공중전화로 했다. 전화를 받은 남동생에게 사정 설명을 하고 택시비를 가지고 집 밖으로 나와 있으라고 말했는데 돈이 하나도 없다고 했다. 부모님은 그날 한 달에 한 번씩 있는 친목 모임 때문에 나가셨는데 아직 귀가 전이었다. 근처에 사는 중학교 친구에게도 전화를 걸어 부탁했는데 그 집도 우리 집과 같이 부모님이 외출하셨고 돈이 없는 상태였다. 공중전화 부스 앞에 서서 집으로 전화를 여러 번 했지만 결론은 계속 같았다.

그날따라 난 시화전에 전시됐던 작품을 집에 가져가야 해서 무거운 책가방과 큰 유리 액자를 들고 공중전화 부스 앞에서 전전긍긍했다. 처음 도착했을 때보다 사람들은 많이 줄어서 가로등 불빛으로 사람들 숫자가 파악되었다. 그때 내 눈에 우리 학교 교복을 입은 학생이 띄었다. 명찰색을 보니 후배 같았지만 창피함은 순간이고 집에는 가야 한다는 생각에 가서 말을 걸었다.

"혹시 집이 어디 방면이에요?"

후배가 깜짝 놀라서 "OO동이요"라고 말하는데 그 애 눈빛에서도 나와 같은 간절함이 느껴졌다. 다행히 우리 집 가는 방면에 있는 동네였다. "나는 2학년 선배 △△△라고 하는데 가는 방향이 비슷한데 혹시 돈 모아서 같이 택시 탈래요?"라고 했더니 고개를 끄덕여서 둘의 지갑에 있는 돈을 모아봤는데 택시비로는 턱없이 부족했다. 후배도 부모님이 집에 안 계신다고 했다.

그러는 사이 12시가 넘었고 그 후배랑 나는 어쩔 수 없이 그냥 거기 서 있었다. 다행히 날씨가 춥지는 않았지만 스산하고 음침한 밤이 주는 공포는 여고생이 감당하기에는 조금 크고 아팠다. 그런데 그때 어떤 남자분이 우리 쪽으로 오더니 말을 걸었다.

"내가 아까부터 보니까 둘 다 막차를 놓친 것 같은데 혹시 어디까지 가는지 물어봐도 돼요?"

후배와 동시에 눈이 마주쳤는데 무서움이 살짝 서려 있었다.

"저는 OO동까지 가고 이 애는 그쪽 가는 길에 있는 OO동이에요"라고 내가 대답하자, 그분이 자기가 사는 동네라 가깝다고 같이 택시를 타자고 했다. 지금도 낯선 남자가 같이 차를 타자고 하면 감사하다고 탈 여자들이 얼마나 있을까 싶은데, 우리 때도 흉흉한 범죄에 노출된 기사를 많이 듣고 읽었던 터라 후배와 나는 선뜻 대답을 못했다.

"아, 나 나쁜 사람 아닌데 요즘 하도 세상이 무서워서 고민되죠? 나 5분 뒤에 택시 탈 건데 혹시 그때까지 집에 연락 안 되면 말해줘요" 하면서 옆쪽으로 가셨다. 부모님이 지금쯤 오셨나 다시 집에 전화를 걸었으나 여전히 안 계셨다.

시간은 흘러 사람들이 거의 안 보이자 나는 더 이상 선택의 여지가 없었다. 후배와 함께 무언의 눈짓을 하며 그 남자분께 같이 타고 가야 할 것 같다고 말했다. 기다렸다는 듯이 택시가 눈앞에 서는데 의심은 더해갔다. '혹시 두 명이 같이 짠 건 아닐까?' 하는 생각을 가졌던 것은 며칠 전 읽은 택시 범죄 관련 신문기사 때문이었다. 그분이 앞에 타고 나와 후배는 뒤에 탔는데 긴장하고 있다가 나중에 안 사실인데 나와 후배는 택시 문 쪽에 붙어 앉아서 손잡이를 꼭 잡고 있었다. 마치 무슨 일이 있으면 금방 뛰어내려야겠다는 굳은 의지를 지닌 채….

신호등이 파란 불일 때는 차가 멈추지 않으니 괜찮다가 빨간 불일 때 멈추면 혹시 앞의 두 남자들이 돌변하지 않을까 하는 걱정 때문에 불안해졌고, 택시기사님과 자연스럽게 얘기를 하는 그분을 보며 의심의 눈초리를 계속하게 됐다.

택시는 어느덧 후배 동네에 도착했고 인사를 하고 유유히 걸어가는 후배가 그렇게 부러울 수가 없었다. 마치 서바이벌 게임에서 이겨 탈출한 전사 같은 느낌이랄까? 후배가 내린 후 택시는 두 남자들의 이야기 소리만 작게 들릴 뿐 매우 조용했다. 그 조용함이 알 수 없는 공포감을 더한다는 것은 겪어본 사람만이 알 것이다.

갑자기 택시가 멈춰 섰고 느낌으로 남자분의 도착지라는 것을 알고 나도 짐을 챙겼다. 다행히 그렇게 먼 거리가 아니어서 빠른 걸음으로 가면 집에 10분 정도면 도착할 것 같았다. 택시요금이 만 원이 조금 안 되게 나온 걸 봤다. 그런데 그분이 택시기사님께 1만5,000원을 주시면서 "저 학생 꼭 집 안까지 들어가는 것 보고 출발해주세요. 세상이 험하니까요! 거스름돈은 됐습니다"라는 말을 여러 번 하면서 내리시는 것이 아닌가!

택시에서 내려서 그분께 너무 감사하다고 말하고 번호라도 알려주시면 나중에 꼭 돈을 드리고 싶다고 했다. 지금처럼 휴대전화가 있던 시절이 아니어서 집 전화를 알려주면 부모님을 통해 돈을 돌려드리고 싶다고 여러 번 말했는데 계속 됐다고 하시면서 "그냥 나도 여동생이 있어서 위험한 길거리에 여고생들을 두고 오기가 조금 그랬어요. 나 혼자 타도 어차피 택시비 내는데, 같은 방향 사람들끼리 모여서 택시 타고 온 거니까 돈은 됐어요. 혹시 그래도 마음에 걸린다면 나중에 곤란한 상황에 처해 있는 사람을 보거든 그 사람을 도와주면 내가 더 기쁠 것 같은데요?"라며 어느 골목길로 들어가 버리셨다.

집까지 오는 택시 안에서 난 누군가에게 받은 배려에 기분이 참 좋았다. 택시기사님도 요즘 세상에 저런 사람 별로 없는데 참 착한 사람을 만났다고 칭찬을 계속하시면서 처음엔 나랑 그분이 당연히 가족일 거라는 생각을 했다며 남에게 그렇게까지 하기가 참 쉽지 않은 세상이라면서 나에게 복이 많은가 보다고도 하셨다.

기사님 말을 듣고 나니 온갖 나쁜 상상을 하며 나를 방어하느라 은인 같은 그분의 생김새나 말투 등을 기억하지 못하는 내가 참 반성이 됐다. 기사님도 나를 내려주시면서 집까지 들어가는 것 꼭 봐달라는 그분 약속 지켜야 된다고 뛰지 말고 천천히 가라고 하셨다. 나중에 집에 오신 부모님께 그 얘기를 했더니 연락처를 꼭 받아왔어야 한다며 안타까워하셨다.

그 뒤 가끔 그 골목길을 지날 때면 괜히 더 사람들을 자세히 관찰하게 됐다. 혹시나 그분을 만날 수 있을지도 모른다는 기대로. 솔직히 지금도 그분 얼굴은 기억이 나지 않는다. 그래서 더 죄송하다.

그 후 나는 그분의 말처럼 누군가를 도와주려고 노력하고 있다. 버스를 탔는데 지갑을 놓고 왔다는 사실을 알고 당황한 사람, 현금은 있으나 요금이 조금 부족한 사람들을 볼 때면 주저하지 않고 대신 내준다. 그 덕분에 앞자리에 앉는 습관도 생겼다. 상점에서 물건을 살 때 잔돈이 부족한 사람들의 돈도 내준다. 돈의 많고 적음보다 그냥 나도 누군가에서 도움을 주는 사람이 되고, 나로 인해서 누군가가 배려 받았다는 느낌을 받았으면 좋겠다는 마음이다.

"어부바."

그 단어만으로도 우리는 마음이 참 따뜻해진다. 아마도 어릴 때 엄마나 누군가의 등에 업혔던 추억이 한 번씩 있기 때문이리라. 내 힘이 아닌 온전히 업어준 사람의 힘으로 움직이고 그 넓은 등에 머리를 기대도 되고 허공에서 다리를 마음껏 움직일 수도 있다. 눈을 감고 있으면 편안함이, 뜨고 있으면 세상 풍경에서 오는 넉넉함이 포근하게 감싸준다. 그래서 세상일이 힘들 때면 어부바를 해주던 엄마 등이 생각나는 게 아닐까? 반대로 힘든 사람에게 잠시 쉬어가라고 기꺼이 등을 내주는 사람이 되고 싶다. 그게 꼭 혈연관계로 맺어진 사이가 아니라 할지라도.

입선

최윤석

아빠의 영화

인생에서 제일 처음 본 영화가 뭔지 모르겠지만 극장에서 가장 충격적으로 본 영화는 확실히 기억난다. 그 영화는 스티븐 스필버그 감독의 〈쥬라기 공원〉이었다. 영화광 아빠는 매번 형과 나를 이끌고 고속터미널에 있는 극장에 데려가 영화를 보여주셨다. 그때 우리 집은 자가용이 없었기에 버스를 타고 30분이나 가야 했다. 동네에도 극장들 꽤나 있었는데 왜 거기까지 가야 하는지 잘 모르겠지만 아빠는 그 극장만 고집하셨다. 뭐라더라! 최신식이어서 스크린 크기도, 사운드도 남다르다고 하셨나! 기억이 가물가물하다. 암튼 그날도 우리는 구름떼처럼 몰려든 관객들 사이에서 우리 삼부자는 영화를 봤다. 좌석이 매진되어서 계단에 앉아서 봤다.

그날 나는 영화 속에서 공룡이 처음 등장할 때 그 순간을 잊을 수가 없다. 주인공들이 사파리 트럭 같은 걸 타고 넓은 평원을 지나갔는데… 그때 무슨 소리가 들려 고개 돌리면 엄청나게 큰 초식공룡, 브라키오사우루스가 나무 위에서 잎사귀를 뜯고 있다. 그리고 저 멀리 잔잔한 호숫가에는 다양한 종의 공룡들이 마치 원래 거기 있었다는 듯 한가로이 공간을 누비고 있다.

'세상에~ 정말 살아 있잖아!'

그걸 보고 전율이 일었다. 정말 마법이었다. 화석으로만 보던 게 저렇게 살아 움직이다니! 눈을 동그랗게 뜬 채 난 감탄사만 내뱉었다.

영화를 보고 나서 집에 오는 길, 형과 나는 내내 영화 이야기만 했다. 공룡 중에 누가 힘이 더 세냐! 누가 제일 싸움 잘하냐! 그런 논쟁이었다. 결론이 안 날 때는 아빠한테 물어봤는데 그럴 때마다 아빠는 답 없이 미소만 지으셨다. 당신은 늘 그런 식이었다. 필요할 때 빼고는 말이 거의 없으셨다. 버스에서 내려 집에 오는 길, 나는 아빠에게 다시 물었다.

"아빠! 그럼 공룡은 이제 없는 거야? 영화처럼 부활시키면 되잖아!"

"이 바보야! 영화니까 그게 가능한 거지?"

옆에서 까까머리 형이 대신 답했다. 시무룩해졌다. 초식공룡이 있으면 진짜 좋을 것 같은데… 영화의 감흥이 식는 느낌이었다. 그런 날 보던 아빠는 자리에 앉으시더니 나보고 어깨 위에 올라타라 하셨다. 갑작스러웠지만 발이 아팠던 나는 옳다구나! 당신 어깨에 올라탔다. 겨우 1m 위였지만 세상은 달라 보였다. 거리를 밝히는 등불이 흔들려서 그런가! 피부에 와 닿는 공기마저 다르게 느껴졌다. 그렇게 목말을 탄 채 얼마나 걸었을까? 아빠가 갑자기 걸음을 멈추더니 뒤를 보라

하셨다.

"윤석아~ 저거 봐! 아직도 공룡이 살아 있는데!"

정말이었다. 가로등 불빛에 비친 우리의 그림자는 브라키오사우루스의 모습이었다. 기분이 좋아서일까? 나는 뿌뿌! 하고 공룡 소리를 내었다. 형은 그런 날 보더니 질 수 없다는 듯 티라노사우루스 흉내로 날 위협했다. 그렇게 우리 삼부자는 어둑해진 밤거리를 쥬라기 시대로 돌려놓으며 엄마가 차려놓은 저녁을 향해 네 발로 걸어갔다. 그때 느꼈다. 내가 꿈꾸기도 전에 이미 내 꿈은 결정되어 있다는 걸….

아빠는 그런 내 꿈을 전폭 지원해주셨다. 미술을 전공하셨기에 내게 그림 그리는 법을 알려주셨고 셰익스피어, 디킨즈, 알렉산드르 뒤마의 소설책을 사주셨다. '아바'와 '나나 무스쿠리'의 음악이 얼마나 아름다운지도, 축구 볼 때는 엉덩이 들썩여야 제 맛이라는 걸 알게 해준 것도 당신이었다. 특히 당신은 찰리 채플린의 광팬이셨다. 집에는 채플린이 만든 모든 영화가 다 있었다. 〈모던 타임스〉, 〈황금광 시대〉, 〈위대한 독재자〉, 〈시티 라이트〉 등등. 그의 영화를 보면서 나는 조금씩 꿈을 키워나갔다.

그리고 운 좋게 나는 이야기를 만드는 사람이 되었다. 영화감독 대신 '드라마 피디'라는 다소 안정적인 직업을 택했지만 말이다. 처음 방송국에 합격 통보를 받았을 때 아빠는 야윈 몸뚱이로 뼈가 으스러질 정도로 날 꼭 끌어안으셨다.

"고생했다! 윤석아~"

"다 아빠 덕분이에요."

정말 그랬다. 아빠의 피는 나였고 당신은 나의 살이었으니까. 내 머리

칼을 쓸어 넘기시는 아빠, 그날만큼은 당신의 깊게 파인 볼우물이 보조개처럼 느껴졌다.

아빠는 백혈병으로 투병 중이셨다. 5년 넘게 지속된 항암치료와 통원, 그리고 기약 없는 입원이라는 무한 반복 속에… 아빠도 나도 우리 가족 모두 지쳐만 갔다. 촬영 없는 날에는 서울대병원에 와서 아빠를 돌보며 나는 의자 세 개 붙여놓고 잠을 자야 했다. 괜찮아질 거라고 아빠를 늘 위로했지만 정작 나는 괜찮지 않았다. 너무 힘들었고 또 너무 피곤했다. 남들처럼 데이트도 하고 싶었고 또 쉴 때는 여행도 다니고 싶었기에….
"지금 우리 아들 드라마 할 시간이네. 채널 좀 돌려봐요."
아빠는 내가 만든 드라마를 꼭 보셨다. 같은 병실 쓰는 다른 환자에게 저 드라마 우리 아들이 찍은 드라마라고 자랑도 하셨다.
"아빠! 제가 찍은 건 아니에요. 저는 그냥 조연출이에요."
"조연출이 어때서. 언젠가는 너도 연출할 거잖아!"
괜히 그런 아빠의 관심이 부담스러웠다. 회사 일을 묻고 또 이성 관계도 묻고 세상이 어떻게 돌아가는지도 늘 궁금해 하셨으니까.
"근데 요즘에는 소설이나 시나리오 안 쓰나?"
"글쎄요, 시간이 없네요." 나는 건조한 목소리로 답했다.
"난 네 글 좋은데…." 그러면서 당신은 안타까워하셨다.

어느 날 아빠는 내게 다이어리 하나 구해 달라 하셨다. 이유는 묻지 않았다. 지루한 병원 생활에 뭐라도 하는 게 당신을 위해 좋을 것 같았으니까. 아빠는 매일매일 뭔가를 쓰셨다. 일기라도 쓰시나! 그렇게 생각했다. 그렇게 몇 개월 지나고 아빠는 내게 다이어리를 건네셨다.

"이게 뭐예요?"

"혹시 이야기 필요할까 봐."

아빠는 수줍은 목소리로 내게 말씀하셨다. 얼마나 열심히 쓰셨는지 다이어리 전체에 글씨가 빼곡하게 적혀 있었다. 나는 열심히 읽었다. 아빠가 쓴 건 역사소설이었는데 이야기 자체는 흥미로웠지만 아무래도 아빠 나이가 있어서 그런지 전체적으로 좀 올드했다.

"어떠니?"

"아빠 정말 고생하셨고 좋은데요. 요즘 트렌드의 이야기는 아닌 것 같아서…. 드라마 하기에는 조금 힘들 것 같아요." 그렇게 나는 아빠에게 말했다.

"아! 그러니… 아… 혹시나 해서."

아빠는 그렇게 담담하게 말씀하셨다. 솔직하게 말하는 게 좋을 거라 생각했다. 헛된 희망을 심어주는 것만큼 잔인한 건 없었으니까. 아빠는 내 어깨를 툭툭 치시더니 옆으로 돌아누우셨다. 나는 다이어리를 다시 아빠의 서랍에 넣어두었다.

그리고 몇 개월 후, 아빠는 돌아가셨다. 의사는 늘 마음의 준비를 하고 있으라 했지만 단 한 순간도 그 말을 믿지 않았기에…. 당신의 빈자리는 너무나도 내게 크게 다가왔다. 평범한 일상 중에서도 발작처럼 눈물이 터져 나왔다. 이제 곧 태어날 손녀를 한 번 안게 해드리고 싶었는데 그러지 못해서… 엄마랑 찍은 사진은 많은데 아빠랑 찍은 사진은 거의 없어서… 내가 연출한 드라마를 보여드리고 싶었는데 더 이상 그럴 수 없어서… 가슴이 메어왔다.

퇴근하고 집에 오면 이제 일곱 살이 된 딸이 날 반긴다. 열쇠를 열고 돌리자마자 어떻게 알았는지 녀석은 현관으로 뛰어온다. 장난꾸러기에다가 겁도 많은 게 딱 나를 빼다 박았다. 가끔 딸 얼굴을 가만히 보고 있으면 거울 보는 느낌이 들 정도다.

"왜 이렇게 늦었어?"

"아! 아빠 회의하느라."

"먹을 거 안 사 왔어?"

"졸음 껌이라도 먹을래?"

"오늘 내가 어린이집에서 쓴 시 보여줄까?"

딸과의 대화는 늘 이런 식이다. 둘 다 서로 자기 이야기만 하는데 어떻게든 이야기는 통한다. 게다가 이야기의 끝은 한결같다.

"아빠! 안아줘."

"아빠 피곤한데…."

내 대답 따윈 이미 상관없다는 듯 딸은 내 몸을 정글짐 삼아 기어오른다. 하루 종일 일하고 오느라 녹초가 된 상태지만 나도 모르게 고개를 숙이게 된다. 하루가 달리 점점 무거워지는데 조만간 호빵맨처럼 목을 갈아 끼워야 할 것 같다. 그렇게 딸을 목말 태우고 집안 이곳저곳, 혹은 동네 한 바퀴 돌다 보면 예전 생각이 많이 난다.

'아빠도 날 업었을 때 이런 기분이었을까?'

어렸을 때 나는 귀가 많이 아팠다. 귀에서 계속 짓무름이 나서 도통 잠을 잘 수가 없었다. 그럴 때마다 아빠는 우는 날 업고 동네를 한 바퀴 도셨다. 그때 아빠의 등에는 센서가 있는 것 같았다. 여름에는 시원했고 겨울에는 따뜻했으니까. 한없이 넓은 등판에 볼을 비비고 아빠의 체온을 느끼곤 했다. 그렇게 날 살피던 아빠는 한 걸음 한 걸음 걸으면서 콧노래를 흥얼거리셨다. 〈울고 넘는 박달재〉, 〈신라의 달밤〉이 아빠의 애창곡이었다. 구성진 당신의 목소리, 흥겨운 발걸음 박자에 맞춰 신선한 밤공기를 들이마시다 보면 내 울음은 점차 잦아들었다.

나는 아빠와는 달리 트로트 대신에 동요나 발라드를 부른다. 〈에델바이스〉, 〈섬집아기〉나 성시경의 〈두 사람〉이 주로 부르는 노래다. 음치라 혹여 누가 들을까 봐 소곤소곤 부르지만 그래도 딸은 제법 잘 들어준다. 신청곡을 말할 때도 있고 자기도 아는 노래가 나오면 둘이 같이 합창을 하기도 한다. 그렇게 몇 곡 부르다 보면 딸은 내 등에 업혀 새록새록 잠이 들곤 한다. 무겁지만 하나도 무겁지 않다. 팔이 떨어질 것 같지만 하나도 아프지 않다.

'아빠도 이런 내 마음이었겠지!'

멈춰 서서 밤하늘을 바라본다. 저기 아빠가 있다 생각한 적은 없지만 그래도 저길 보고 있으면 당신과 통하는 느낌이 든다. 건강할 때 아빠의 모습을 그려야 할지 아니면 야윈 모습의 아빠를 그려야 할지 순간 헷갈린다. 그때 내가 내뱉은 목소리가 머릿속에 재생된다.

"아빠! 요즘 트렌드의 이야기는 아닌 것 같아서….""

비릿한 내 목소리 그리고 날 쳐다보는 당신의 씁쓸한 눈빛… 옆으로 돌아눕던 아빠의 모습….

이제 당신의 높이가 되니 당신의 마음이 보인다. 우리 딸이 내게 그렇듯…. 나는 당신의 희망이고 당신의 걸음이었구나! 그때 왜 나는 그 마음을 미처 몰랐을까? 아들에게 도움이 되고 싶었을 뿐인데… 그저 뭐라도 해주고 싶은 마음뿐이었을 텐데….

"죄송해요. 그때 좀 더 따뜻하게 말씀 못 드려서…."

하지만 이미 아빠는 아득히 먼 곳에 있다. 언제나 뒤늦은 후회 때문일까? 당신이 사무치게 그리워진다. 당신은 이젠 여기 없지만 그래도 난 당신을 느낄 수 있다. 찰리 채플린의 무성 영화를 닮은 당신은 여전히 예전처럼 호기심 어린 눈빛으로 날 내려다보고 있다는 것을…. 조금 멀리 있을 뿐이다. 조금 높이 있을 뿐이다. 내가 볼 수 없지만 내 목소리는 닿는 거리에서….

가로등 불빛 때문에 길게 늘어진 그림자가 보인다. 잠든 딸을 업은 내 그림자다. 25년 전, 그때와 많이 닮아 있다.

"아빠 말이 맞네요. 아직도 공룡이 살아 있어요!!"

당신 목소리를 닮은… 나는 혼자 조용히 읊조려본다.

심사평

신협중앙회가 주최하고 〈여성조선〉이 주관한 에세이 공모전 '내 인생의 어부바'가 9월 1일부터 12월 7일까지 진행됐다. 국내는 물론 해외 참가자들의 뜨거운 관심 속에서 모두 710편의 작품이 접수됐다. 대상의 주인공은 〈내 인생의 어부바〉라는 제목으로 출품한 허민선 씨. 우수상은 〈민들레와 소국〉을 출품한 고지은 씨와 〈할머니의 아리랑〉을 출품한 장순교 씨가 차지했다.

1차 심사는 최종 당선작의 2배수인 226편을 선정했다. 〈여성조선〉 김보선 편집장과 임언영 기자가 심사를 진행했다. 1차 심사작 중 113편을 선정한 2차 심사와 최종 심사는 유안진 시인, 정끝별 시인, 해이수 소설가, 신협중앙회 박영범 관리이사, 박규희 홍보실장이 진행했다.

유안진 시인은 "참가작 모두 잘 썼다"고 총평을 남겼다. "다만 어부바의 의미를 축소하거나, 글자 그대로 해석한 경우가 많아 아쉬웠다. 부모의 모든 행위가 어부바고, 가장 사랑하는 행위다. 다양한, 확장된 의미의 주제를 가지고 서문이 길지 않은, 마무리가 잘된 글이 좋은 글이라고 생각한다"고 구체적인 설명을 더했다.

정끝별 시인은 "글쓰기란 무엇일까를 생각해보게 한 심사였다"면서 "전후세대, 베이붐 전후에 시골에서 태어나 가정과 사회의 가난과 차별과 폭력을 경험한 세대들의 뼈아픈 고해성사와도 같았다"고 소감을 전했다. "자신의 성장과정, 부모들의 삶과 병과 죽음, 가족들의 온갖 불행들을 듣는 사람으로서는 무척 힘이 든 과정이었으나 '치유와 화해와 용서를 위해 글을 쓰는구나' 생각이 들었다"고.

해이수 소설가는 "에세이를 읽는 일이 이토록 뜨거운 감정과 만나는 일인 줄 미처 몰랐다. 투고자들이 각자의 인생에서 소중히 여기는 사연을 적어나가며 웃고 울었을 시간을 생각하면 가슴이 벅차올랐다. 이러한 고백과 치유가 에세이 쓰기의 묘미이고 한편으로 우리를 다시 살게 하는 원동력이 된다는 걸 재확인하는 자리였다"는 총평을 남겼다.

대상 수상작인 허민선 참가자의 〈내 인생의 어부바〉에 심사위원들은 가장 높은 점수를 줬다. 정끝별 시인은 "'어부바'의 진정한 의미, 즉 업는 행위의 무거움과 책임감, 나아가 행복감까지를 아우르는 동행하는 인간애, 인간 삶 자체의 의미를 성찰해내는 자연스러운 전개와 호흡을 높이 평가했다"고 말했다. 해이수 소설가는 "업고 업히는 과정 속에서 생을 견뎌내는 기쁨과 슬픔을 포착해낸 작가의 눈이 탁월하다. 특히 '버려진 것'들을 바라보는 화자의 애잔한 연민과 온기 어린 손길이 읽는 이의 마음에까지 와 닿았다"고 평가했다.

우수상인 고지은 참가자의 〈민들레와 소국〉은 "'탄광조합 소장이 된 아빠는 모두의 예상을 깨고 소국처럼 작고 예쁜 엄마를 만나 일편단심 민들레가 되었다'는 문장처럼 활력 넘치는 전개가 인상적이다."(해이수) "민들레와 소국으로 비유되는 전후세대의 아버지와 어머니의 사랑과 삶, 그 결실은 'IMF 학번'인 나의 따뜻한 가족애를 그리고 있다. 탄탄한 서술과 묘사와 서사에 호감이 갔으며, 특히 세대별로 다른 시대적 위기를 '어부바'의 자세로 살아낸 긍정적인 가족애가 돋보였다"(정끝별)는 심사평을 냈다.

장순교 〈할머니의 아리랑〉은 "고단하고 핍진한 세월을 할머니의 등을 빌려서 건너온 작가의 애절함에 눈시울이 붉어진다. 영원히 잊히지 않는 유년기를 할머니 등으로 집약시켜 표현하는 상징과 압축이 돋보였다"(해이수), "우리의 민요 '아리랑'에 내포된 어부바의 자세를, 험난한 근현대사를 살아낸 여성적 주체로서의 '할머니'의 삶과 연결시켜 서술하고 있는 부분에 호감이 갔다"(정끝별)라는 심사평으로 우수상을 차지했다.

내 인생의 어부바

초판 1쇄 발행   2021년 4월 6일

지은이   허민선 외 23인
펴낸이   신협중앙회
발행처   (주)조선뉴스프레스
등록   2001년 1월 9일 제301-2001-037호
주소   서울특별시 마포구 상암산로34, 디지털큐브빌딩 13층
문의   02-724-6710(조선뉴스프레스)

디자인   designGO
일러스트   심재원(freebird0718@gmail.com)

값   5,000원
ISBN   979-11-5578-486-0

13800

9 791155 784860

ISBN 979-11-5578-486-0